本书获得东北财经大学出版基金重点资助（项目批准号：zzzz20220105）

"双碳"目标下环保政策研究

作用机制、实证效果与路径优化

李少林 著

中国社会科学出版社

图书在版编目（CIP）数据

"双碳"目标下环保政策研究：作用机制、实证效果与路径优化 / 李少林著.
— 北京：中国社会科学出版社，2023.5
ISBN 978 - 7 - 5227 - 1901 - 6

Ⅰ.①双…　Ⅱ.①李…　Ⅲ.①环境保护政策—研究—中国　Ⅳ.①X012

中国国家版本馆 CIP 数据核字（2023）第 085537 号

出 版 人　赵剑英
责任编辑　许　琳
责任校对　李　硕
责任印制　郝美娜

出　　　版　中国社会科学出版社
社　　　址　北京鼓楼西大街甲 158 号
邮　　　编　100720
网　　　址　http://www.csspw.cn
发 行 部　010 - 84083685
门 市 部　010 - 84029450
经　　　销　新华书店及其他书店

印刷装订　北京市十月印刷有限公司
版　　　次　2023 年 5 月第 1 版
印　　　次　2023 年 5 月第 1 次印刷

开　　　本　710 × 1000　1/16
印　　　张　14.75
插　　　页　2
字　　　数　220 千字
定　　　价　98.00 元

序

自 1992 年 11 月积极响应并先后加入《联合国气候变化框架公约》《京都议定书》《巴黎协定》以来，中国始终肩负着为促进全球温室气体减排作出努力的责任和担当。2020 年 9 月 22 日，习近平总书记在第七十五届联合国大会一般性辩论上强调"中国将提高国家自主贡献力度，采取更加有力的政策和措施，二氧化碳排放力争于 2030 年前达到峰值，努力争取 2060 年前实现碳中和"。党的二十大报告指出"积极稳妥推进碳达峰碳中和"。减排实践上，中国陆续推出一系列能源转型与低碳绿色发展试点政策、机制或制度并逐步推广应用；研究逻辑上，聚焦政府与市场关系的协调，极大地推动了减排机制优化与理论研究进展。

与西方国家低碳绿色转型和环境治理实践相比，中国绿色发展与环保问题由于具有以煤为主的能源结构国情而具有特殊性。在百年未有之大变局下，中国正处于经济结构深层次变革、能源清洁化转型与经济稳增长关切相互交织的关键时期：一方面，聚焦"去煤"政策，形成了煤改气、煤改电的"禁煤区"政策，同时油气资源对外依存度较高和全球能源危机叠加，对保障能源安全形成较大威胁；另一方面，旨在促进节能减排的机制、技术和制度等举措日臻完善，排污权交易机制实施、数字经济迅猛发展、清洁能源技术升级、环境信息披露制度改革等因素不断涌现，对关乎绿色发展效果的污染物排放、能源利用效率、制造业绿色转型、可再生能源发电效率和绿色全要素生产率等核心指标产生重要影响。因此，从"双碳"目标维度全面分析各类环保政策的作用机制、实证效果和路径优化问题无疑具有十分重要的理论意义和现实意义。

《中共中央 国务院关于完整准确全面贯彻新发展理念做好碳达峰碳中和工作的意见》于2021年10月24日发布，明确了碳达峰碳中和的工作目标和重点任务。《2030年前碳达峰行动方案》于2021年10月26日发布，细化了主要目标和重点实施"碳达峰十大行动"。由于实现碳达峰、碳中和是一场广泛而深刻的经济社会系统性变革，使得环保政策的维度具有多样性，全面梳理环保政策类型、评估试点效果和提出优化建议，协调处理好政府与市场在减排和推动绿色发展中的作用，是统筹实现"双碳"目标亟待解决的前沿热点问题。

李少林博士的专著《"双碳"目标下环保政策研究：作用机制、实证效果与路径优化》遵循"文献评述→理论分析→实证研究→政策建议"的研究范式，致力于系统评估"双碳"目标下不同环保政策类型对绿色低碳转型发展的影响机制与效果研究，为更好地促进环保政策总体效果、影响机制与异质性效应发挥提供理论和实证依据。全书聚焦能源转型、机制设计、技术创新、制度改革和资金投入等关键领域，如何充分发挥政府与市场的作用，直接关系到环保政策的针对性和有效性。在划分环保政策类型的基础上，分别从能源替代、市场发育、数字经济、清洁转型、环境信息披露、能源供给侧改革和财政支出等视域，对"双碳"目标下环保政策的作用机制进行理论剖析和实施效果检验，为全面提高环保政策在实现"双碳"目标中的效能提供路径优化的政策参考。

全书尝试从"双碳"目标的视角切入，对"煤改气""煤改电"为代表的化石能源替代政策、排污权交易机制与能源利用效率、区块链技术应用与制造业绿色转型、可再生能源发电效率测度及影响因素、环境信息披露制度改革、能源供给侧改革、财政支持双碳的政策建议等内容进行了基于理论、实证和政策的系统研究。理论研究上有拓展，比如剖析了排污权交易机制对能源利用效率的作用机制及其异质性；强调政策效果评估的前沿研究范式和方法的应用，能够将理论模型与经验分析相结合，做到了理论联系实际、规范研究与实证研究相结合，比如熟练使用了双重差分模型的多种形式进行政策效果分析，并结合国际经验对辽宁财政支持双碳的实践提供启发等。从政策内涵来看，本书对于"双碳"目标下能源结构转型、排污权交易机制完善、区块链技术应用和财政支持双碳的政策优化等方面均具有较强的参考价值。

总体来看，全书选题前沿，逻辑清晰，论证规范，是目前国内研究"双碳"战略、环保政策与绿色发展领域一部值得关注的专著。然而，这并不代表本书没有缺点，书中的一些研究设计、变量选取和处理方法是在现有文献基础上进行的尝试改进，难免存在一些不足。中国的能源转型、碳减排与绿色发展问题是一个值得持续跟踪研究的课题，书中仅分别讨论了单个环保政策的作用机制和效果，对微观企业行为、绿色转型发展的指标测度尚缺乏深度的剖析和量化。作为一名持续聚焦产业经济、能源转型与低碳绿色发展研究领域的科研人员，李少林博士在本书中表现出的研究思路和规范研究方法的运用是值得充分肯定的，希望在未来能够不断提高理论素养和掌握前沿研究方法，取得更好的学术成绩。

《"双碳"目标下环保政策研究：作用机制、实证效果与路径优化》一书是李少林博士在中国社会科学院工业经济研究所从事博士后研究期间成果的基础上修改充实而成，作为他的博士生指导教师，我了解他的为人，他谦虚勤奋、创新意识较强，近年来先后在《中国工业经济》《中国环境科学》《环境科学研究》《经济管理》等刊物发表论文，主持完成国家自然科学基金项目、教育部人文社会科学基金项目、中国博士后科学基金特别资助和面上一等资助等多项课题。看到学生点滴积累和成长进步，我倍感欣慰，是为序。

肖兴志

2022 年 12 月

目　　录

第一章 导论

本章着重从选题背景、研究意义、研究方法、技术路线、创新点和不足等方面对本书进行简要介绍，主要起到提纲挈领的作用，是对总体框架和核心内容的浓缩。

第一节 选题背景与研究意义

一 选题背景

继 2020 年 9 月 22 日习近平总书记在第七十五届联合国大会一般性辩论上提出中国二氧化碳排放力争 2030 年前达到峰值以来，"碳达峰"在多个重大国际场合提及，党的十九届五中全会通过的《中共中央关于制定国民经济和社会发展第十四个五年规划和二〇三五年远景目标的建议》指出，"'十四五'期间，加快推动绿色低碳发展，降低碳排放强度，支持有条件的地方率先达到碳排放峰值，制定二〇三五年前碳排放达峰行动方案"；2020 年中央经济工作会议将做好碳达峰、碳中和工作作为 2021 年八大重点任务之一。2021 年 3 月 15 日，习近平总书记主持召开中央财经委员会第九次会议强调"把碳达峰、碳中和纳入生态文明建设整体布局"。2019 年，在监测的 337 个地级及以上城市中，空气质量未达标城市比重高达 53.4%，全国煤炭消费量占能源消费总量比重为 57.7%，万元国内生产总值二氧化碳排放下降 4.1%。然而，2019 年中国碳排放占全球比重仍高达 28.8%。

　　煤炭燃烧作为产生二氧化碳的最直接、最主要原因，近年来推行的"煤改气、电"政策在北方地区实施，而后逐渐扩展到全国大部分省份，成为推动能源转型、控制环境污染和实现绿色发展的重要举措。图 1-1 显示的是 2010—2019 年中国煤炭产量及增长率情况，可以看出，中国煤炭产量呈现出波动特征，2010—2013 年处于增长趋势，而 2014—2016 年处于下降阶段，随后 2017—2019 年则继续呈现上升趋势，表明虽然"去煤"战略已持续推进，但煤炭在能源供给中仍处于重要地位。图 1-2 显示的是 2012—2019 年中国煤炭、天然气和一次电力及其他能源消费量占比情况，可以看出，煤炭消费量占比逐年下降，天然气、一次电力及其他能源消费量逐年增长，在一定程度上表明"煤改气、电"政策取得一定效果。图 1-3 显示的是 2010—2019 年中国原油进口数量及原油进口依赖度情况，可以看出，中国原油进口量逐年上涨，且对外依存度也呈现出逐年增长态势，

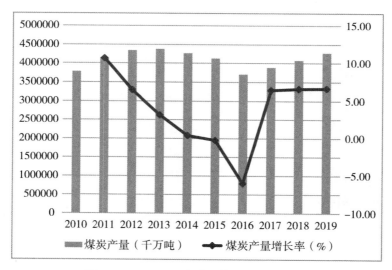

图 1-1　2010—2019 年中国煤炭产量及增长率

资料来源：根据 WIND 金融终端相关数据计算整理。

注：主纵坐标（柱状图）表示煤炭产量，次纵坐标（折线图）表示煤炭产量增长率。

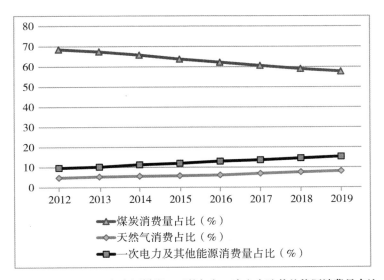

图1-2　2012—2019 年中国煤炭、天然气和一次电力及其他能源消费量占比

资料来源:《中国统计年鉴 2020》。

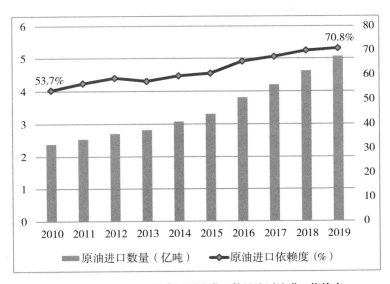

图1-3　2010—2019 年中国原油进口数量及原油进口依赖度

资料来源:WIND 金融终端、中国石油企业协会、前瞻产业研究院整理。

注:主纵坐标(柱状图)表示原油进口数量,次纵坐标(折线图)表示原油进口依赖度。

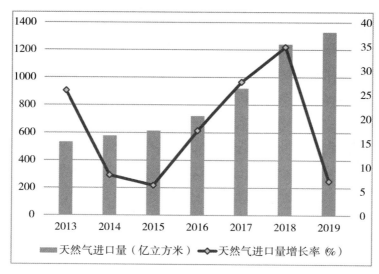

图1-4 2013—2019年中国天然气进口量及增长率

资料来源：前瞻产业研究院整理。

注：主纵坐标（柱状图）表示天然气进口量，次纵坐标（折线图）表示天然气进口量增长率。

从2010年的53.7%逐年上涨至2019年的70.8%，对能源安全构成了重要影响。图1-4显示的是2013—2019年中国天然气进口量及增长率情况，可以看出，天然气进口总量虽然逐年呈现增长趋势，但增长率表现为剧烈的波动状态，在一定程度上表明天然气进口量受到较强的国外供应影响，天然气供应安全也成为了能源安全的重要组成部分。

短期内难以摆脱以煤为主的能源消费结构，是导致中国"双碳"任务较为严峻的基础性原因，节能降碳成为摆在政府与市场面前的关键任务。以能源转型为核心抓手，环保政策制定实施的初衷为："煤改气、电"政策通过压减燃煤实现降碳；排污权交易通过市场机制实现减排；区块链技术通过创新实现制造业绿色转型；清洁能源通过发电效率提升实现能源转型；环境信息披露制度通过倒逼机制实现绿色全要素生产率提升；能源供给侧改革通过能源清洁转型实现降碳；财政支出通过放大效应实现社会资本更多投入到节能降碳领域。然而，一方面，中国能源对外依存度较高、市场机制不完善、制造业数字化转型缓慢、弃风弃光现象突出、环境信息披露制度不健全、能源供给结构调整缓慢和财政压力较大等问题持续存在，构成了"双碳"目标下环保政策调整亟待解决的重大现实问题。

为回答上述问题，本书拟从政府与市场关系切入，分别从"煤改气、电"政策评估、排污权交易制度影响能源利用效率的机制与效果、区块链技术应用于制造业绿色转型、新能源发电效率与驱动因素、环境信息披露与绿色全要素生产率、能源供给侧改革路径和财政支持模式优化等维度分别展开环保政策的作用机制与效果检验，为促进环保政策作用机制畅通和效能提升奠定稳健的理论基础、实证依据和政策意涵。

二 研究意义

1. 理论意义

在实现"双碳"目标的过程中，厘清政府与市场如何充分发挥各自作用，是环保政策设计和调整拟解决的重大理论问题。围绕能源转型的重点领域，探讨"煤改气、电"政策如何影响居民能源消费行为和减排绩效，对于循序渐进实行"去煤"战略具有重要的理论价值；检验排污权交易制度能否提升能源利用效率，为通过市场化机制降低能源消耗和实现减排奠定了理论依据；考察区块链技术能否推动制造业绿色转型，对于利用科技创新实现制造业绿色创新具有重大理论意义；新能源发电效率测度与驱动因素分析，有助于从理论层面剖析弃风弃光等程度的衡量；评价环境信息披露制度改革对绿色全要素生产率的影响，对于形成公众环境监督倒逼机制具有重要的理论创新；能源供给侧改革的逻辑梳理，对于全方位厘清能源结构调整具有导向性意义；财政支出如何影响社会资本投入的分析，为优化财政支持政策提供了模式选择依据。

2. 实践意义

对于"煤改气、电"政策的评价，对于合理把握"去煤"战略进度具有直接的指导意义；排污权交易制度对能源利用效率的影响测度，能够为完善市场化减排机制和强化创新中介效应提供实践参考；数字经济视阈下的区块链技术应用对制造业绿色转型的影响研究，能够为制造业通过数字化转型实现绿色发展提供政策参考；新能源发电效率测度与驱动因素分析，对于衡量弃风弃光程度和提高新能源发电效率具有一定的政策启示；环境信息披露制度改革对绿色全要素生产率的影响测度，有助于充分挖掘倒逼企业绿色发展的潜力；能源供给侧改革的国际经验借鉴，对于中国调整优化能源结构具有一定的政策参考价值；财政支出撬动社会资本投入的模式选择，对于增加全社会对"双碳"任务的投入力度具有可操作的政策启示。

第二节 研究方法与技术路线

一 研究方法

1. 文献研究法和归纳演绎法。综合运用文献研究法、归纳演绎法等方法就"双碳"战略的理论演进与路径探索、"煤改气、电"政策的经济环境影响、排污权交易制度的能源利用效率影响、区块链赋能制造业绿色转型、新能源发电效率测度、环境信息披露制度完善、能源供给侧改革的国际经验、财政支持绿色发展的模式创新进行综合分析，为政策效果评估提供理论依据。

2. 计量经济分析方法。运用多种准自然实验法（Difference-in-Difference），就能源替代、市场发育、区块链应用和环境信息披露制度改革对绿色发展的影响进行实证研究，采用一系列稳健性检验方法确保回归结果具有较高的稳健性，并进行了详细的异质性分析，为环保政策制定实施提供了坚实的实证依据。

3. 案例研究法。在对能源供给侧改革经验的分析过程中，采用案例研究法对主要国家的核心举措进行剖析；在对财政支持辽宁绿色经济发展的分析过程中，借鉴主要发达国家财政支持模式经验，为中国财政支持"双碳"目标提供路径优化的借鉴参考。

二 技术路线

本书的结构主要是基于环保政策类型划分进行独立章节的理论与文献述评、实证研究和提出政策建议等（参见图1-5的技术路线），全面涵盖

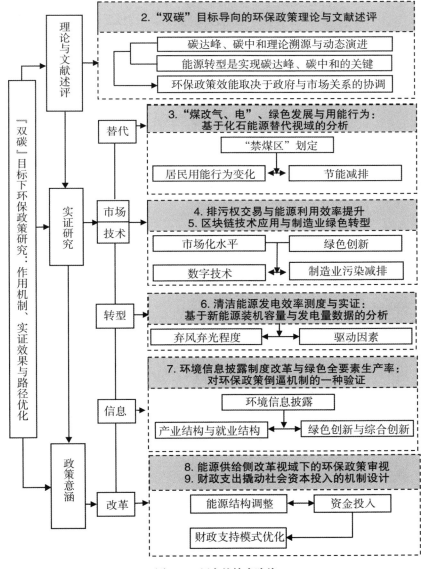

图1-5 研究的技术路线

了能源替代、市场发育、数字经济、清洁转型、环境信息披露、能源供给侧改革和财政支出等视域的环保政策作用机制、效果检验等研究内容，充分剖析了"双碳"目标下环保政策实施过程中政府与市场的关系，为实现"双碳"目标提供针对性的环保政策调整优化路径建议。

第三节　创新点与研究不足

一　创新点

研究视角的创新。首次从"双碳"目标下环保政策类型划分的角度出发，立足于政府与市场关系的作用发挥，界定了能源替代、市场发育、数字经济、清洁转型、制度改革、能源供给侧改革和财政支出模式等七大类环保政策，全面考察了环保政策实施的作用机制和效果，为实现"双碳"目标的环保政策调整优化提供了参考依据。

研究理论的创新。在厘清了"双碳"理论来龙去脉和关键着力点的基础上，分别剖析了七大类环保政策对能源利用、污染减排、绿色全要素生产率等指标的影响路径和作用机制，对于环保政策效能评估和调整优化具有重要的理论价值。

研究方法的创新。根据不同类型环保政策的实施情况和数据要求，合理选择研究样本与准自然试验研究方法，在基准回归、稳健性检验、机制分析和异质性分析等一系列实证研究的基础上，研究结论为提出"双碳"目标下环保政策的调整优化奠定了稳健的实证依据。此外，针对能源供给侧改革和财政支出模式的研究视阈，采取了案例研究和归纳演绎等研究方法。

二　研究不足

鉴于不同类型环保政策执行时间和微观研究样本相匹配的考虑，主要采用了双重差分模型进行准自然实验，研究样本局限于地级市层面或上市公司数据，研究方法相对比较固定，并未考虑应用其他政策效果评估的方法。

第二章　"双碳"目标导向的环保政策：理论机制与文献述评[*]

　　"如期实现 2030 年前碳达峰、2060 年前碳中和的目标"是中国向世界作出的庄严承诺，系统进行碳达峰、碳中和的理论溯源，对于准确厘清内涵、聚焦关键领域和优化实施方案具有重要现实意义。本章依次对碳锁定与碳解锁、碳排放脱钩与碳减排影响因素、碳达峰情景预测与经济社会影响、碳汇与碳中和的理论演进脉络进行了全面梳理和评述。在经济高速增长转向高质量发展的新时代，中国已经走上了"碳锁定→碳脱钩→碳达峰→碳中和"的低碳发展快车道；作为碳排放的核心源头，能源结构优化、能源转型与能源价格改革位居实现"双碳"目标的关键地位；政府可在推动低碳技术创新、能源供给侧结构性改革、绿色金融和财税政策领域大有作为，而碳交易、碳市场和碳定价则是发挥市场化减排机制的重要载体；中国未来实现"双碳"目标须根植于高质量发展新情境、以习近平生态文明思想的整体布局协同推进，从政府与市场关系优化维度探寻碳达峰、碳中和的可行路径。

---

　　[*] 本章主要内容以《碳达峰、碳中和理论研究新进展与推进路径》为题发表在《东北财经大学学报》2022 年第 2 期。

第一节　引言

第三次工业革命依赖化石能源为工业发展动力，导致全球二氧化碳等温室气体排放量突增，全球变暖导致生态系统破坏严重。2015 年，《巴黎协定》向全世界警告，温室气体导致全球变暖具有极大威胁性，要求各国共同努力，将全球平均气温涨幅控制在 2℃ 以内，希望利用强制性全球低碳减排协定促进各国向低碳绿色发展道路前进。2018 年，联合国政府间气候变化专门委员会（Intergovernmental Panel on Climate Change，IPCC）发布的 "*Global Warming of 1.5℃*" 报告指出，相比于将全球气温涨幅控制在 2℃ 以内，如果将涨幅进一步收缩为 1.5℃ 以内，就有可能在 2050 年实现二氧化碳排放 "净零"。中国作为世界碳排放量最大国家，2020 年 9 月，习近平主席在第七十五届联合国大会上首次提出 "二氧化碳排放力争于 2030 年前达到峰值，努力争取 2050 年前实现碳中和的'绝对减排'"。

1992 年的《联合国气候变化框架公约》要求世界各国按照经济发展水平承担相应责任与义务以实现碳减排，截至目前，已有 54 个国家实现碳达峰。按照碳达峰类型分类，德国、俄罗斯、法国等碳达峰峰值出现在《联合国气候变化框架公约》实施之前，且一直保持稳定下降状态，这类国家属于自然碳达峰类型，并未受到减排政策影响；另外一部分碳达峰国家出现在经济危机之后，如日本、美国、韩国等，这些国家出现了不同程度的经济增长速度减缓或经济衰退，之后出现碳达峰，这类国家通常在出现达峰以后存在二氧化碳排放波动的情况，甚至会再一次出现较高排放值的情形，这些国家被认为是外力下的波动性碳达峰类型。中国要想实现碳达峰，注定不同于自然碳达峰类型国家，综观其他通过外力实现碳达峰的代表性国家，中国既不具备发达国家，如美国在碳达峰时具备的较高工业生产技术水平与经济发展水平，也不具备日本在碳达峰时达到的较高城市化率和产业结构水平。2020 年，中国规模以上工业企业利润比上年增长 4.1%，除采矿业以外，制造业电力、热力、燃气等仍处于较高增速水平，中国工业、制造业正处于增长时期，对能源消费需求处于上升时期，且中国的产业结构、城市化率与人均 GDP 水平低于大部分实现碳达峰的国家，根据经济合作与发展组织（Organisation for Economic Co-operation and Development，OECD）官方所公布的温室气体排放指标，2016 年之后中国碳排放量占全球总排放始终高于 28%，处于增长状态，中国尚未出现碳达峰拐点。

碳达峰、碳中和的目的就是为减少经济活动产生的二氧化碳排放量，实现经济高质量发展。中国目前的环境压力与经济压力巨大，作为一个比较宏观的概念，碳达峰、碳中和只是为中国未来的经济与环境发展提供了笼统的理论框架与基本理念，具体如何实施还需要进一步探索。截至目前，中国各行、各地方政府相继宣布碳达峰计划方案，并陆续实施，在新冠肺炎疫情尚不稳定的国内外大环境下，中国如何在经济高质量发展阶段稳步实施碳达峰、碳中和的计划，值得进行细致探索。

本章旨在梳理碳达峰、碳中和相关理论与实证研究基础上，结合能源在中国碳达峰、碳中和关键地位的相关研究，比较分析政府与市场现有的政策工具与节能减排经验，探讨碳达峰、碳中和赋予中国高质量发展与习近平新时代生态文明建设思想布局下"双碳"目标的新理念，基于以上归纳总结，提出如何充分发挥政府引导与市场主导力以实现碳达峰与碳中和的政策建议。

第二节　碳达峰、碳中和理论溯源与动态演进

一　碳锁定与碳解锁理论

安茹（Unruh）首次提出"碳锁定"，认为目前工业经济的技术、制度被锁定在化石能源系统中，导致工业经济发展无法摆脱高碳排放问题，而市场和产业政策为低碳减排做出的努力效果也被削弱，出现"碳锁定"状态。"碳锁定"的原因在于"技术—制度复合体"（Tecno-Institutional

Complex，TIC）带来的"TIC锁定"效应，TIC是指经济依赖能源所产生的高碳排放特质的核心技术，形成由企业、行业等各类层级组成的稳定技术系统体系。进一步，国家推出服务于该特质技术系统的政策制度、服务于该技术的学科教育与学术研究等，导致"碳锁定"在技术与制度、市场与非市场力量的加成下更强，融合形成以高碳技术系统为主的TIC。对应于"碳锁定"，"碳解锁"则是要摆脱这一固化局面。安茹（Unruh）在之后的研究中进一步阐述了"碳解锁"含义，指出TIC的存在导致"碳解锁"收效甚微，只有同时进行技术和制度变革，才有可能实现"碳解锁"。"碳解锁"方式主要有三种类型，第一种是不改进现行技术与系统，只对废气排出端进行改善，为"末端管制"（End of pipe Technology，EOP）；第二种为"可持续性"，在维持现有系统框架基础上，对部分技术流程进行改造，维持改造后的新技术流程与现有系统的协调性与适配性；第三种为"不可持续性"，是最极端的政策选择，完全放弃或替换现有技术系统，进行彻底改变。后两种方法并不受现有技术限制，如可再生能源既可以替代可持续性方法中工业经济发展所需的化石能源部分，也可以充当不可持续性方法中新型电力发电系统的基础动力，因而单纯的"技术锁定"导致的"碳解锁"阻碍力度并不如"TIC锁定"强，且"碳解锁"方法对社会与环境带来的变化越大，"碳解锁"阻力越大。在"碳解锁"方案是否属于"可持续性"的问题上，在技术系统内，不同层级、分工企业的"可持续性"很可能存在本质上的差异，对其中一些企业而言，该政策属于"可持续性"，成本损失较低，但对另外一些企业而言却属于"不可持续性"，会整体影响具体"碳解锁"政策实施后各企业低碳减排的积极性程度与减排成效。因此，到底选择阻力较小的"EOP"或"可持续性"，还是彻底变革的"不可持续性"，政策制定者需要以长远眼光综合考虑未来经济发展的效率、对气候变化的影响程度等因素来进行决策。安茹（Unruh）指出，科学技术往往比治理机构发展得更快，所以技术变革的限制不在于科学技术，而在于允许新技术解决方案传播所需要的组织、社会和制度变革。

消特（Schot）和吉尔斯（Geels）从生态环境角度对技术制度进行了

重新定义，将其扩展为社会技术制度，认为技术作为技术制度的核心，当出现一项通用性的制度规则不仅可以维持技术稳定，还能塑造和规范以该技术为核心的市场规则，那么技术制度所体现的功能范围将会涵盖企业、市场、政府等更为广泛的体系，从而形成社会技术制度。基于市场偏好、企业成本等多方的自然选择所形成的社会技术制度并非是目前最优的技术制度，更优的新社会技术制度的产生需要两个前提条件。第一个前提条件是存在对生态环境与人类经济活动更优的技术，新技术利基的小众化使其区别于自然选择的主流社会技术制度，新技术利基的制度可能出现与主流社会技术制度长期共存的局面。如果新技术优于主流技术，目前的制度规则只是延长高碳技术制度的存活时间，更为低碳的新技术迟早会取代高碳技术，但其存活时间越长，意味着对环境造成损失越大。此时打破新社会技术制度与主流社会技术制度的均衡成为"碳解锁"的关键，这取决于新社会技术制度的规模大小与当下主流社会技术制度规则的稳定性，因而需要第二个前提条件作为撼动当前社会技术制度的根基，为新技术培育与发展提供更好的成长环境，那就是需要政府或公司等当前社会技术制度的执行者意识到目前的技术不适合生态环境保护，执行者意识到"碳解锁"的重要性，通过财政补贴等政府手段提高向新社会技术制度过渡的速度。

二 碳排放脱钩理论

经济学通常利用"脱钩"衡量经济增长脱离物质消耗的变化状态，OECD 在描述经济增长与环境污染问题中，将摆脱依赖高污染、高排放来换取经济增长的状态称为"脱钩"，构建了以驱动力（driver）—压力（pressure）—状态（state）—影响（influence）—反映（response）为框架设计的 DPSIR 结构的 OECD 指标，并将"脱钩"进一步分为"相对脱钩"与"绝对脱钩"，在保持经济增长前提下，污染排放或能源消费增长幅度低于经济增长时为"相对脱钩"；当环境污染或能源消费下降时为"绝对脱钩"。吉普塔（Gupta）利用 OECD 指标对 OECD 成员国的经济增长与环境退化情况进行了数据分析发现，伴随经济增长，衡量环境压力的人口增长、能源产量、温室气体排放量、二氧化碳排放量、硫氧化物和氮氧化物排放量、水资源的使用和浪费等指标并不是都在下降，环境压力指标增速低于经济总体表现，OECD 指标衡量的脱钩并不意味经济能够完全实现可持续发展。

除此之外，环境库兹涅茨曲线（Environmental Kuznets Curve，EKC）假说以人均经济产出作为解释变量，环境污染作为被解释变量，两者的相关关系呈现倒"U"形曲线。关于中国是否存在 EKC 的实证研究中，部分学者认为中国碳排放存在具有地区异质性的 EKC 倒"U"形特征，各地区二氧化碳排放轨迹不同。还有部分研究认为中国的 EKC 呈"U"形或"N"形，环境规制、产业结构与技术提升方面的不完善是阻碍低碳经济发展的重要因素。无论 EKC 理论在中国是否成立，经济增长并非影响环境质量的唯一因素，这为中国实现碳达峰、碳中和提供了更为广泛的思路。

由于 OECD 指标衡量经济增长与碳减排效果并不精确，塔皮奥（Tapio）将"脱钩"与 EKC 联系起来，对"脱钩"进行重新定义，认为 EKC 对不同国家而言不一定成立，经济增长与二氧化碳排放量之间的关系已经从 EKC 的倒"U"形转向"N"形。形容经济与环境关联性的"脱钩"在经济与交通运输关联性中等价于"解耦"或"再链接"，反之为"耦合"，塔皮奥（Tapio）在研究欧盟十五国交通运输二氧化碳排放量与 GDP 的关联性时，首次提出另一种有别于 OECD 指标的塔皮奥（Tapio）脱钩模型，将脱钩分为耦合、脱钩、负脱钩三大类，并按照经济与碳排放之间的弹性关系进一步细分：当经济与碳排放的弹性关系处于耦合时，若两者增值为正则为扩张性耦合，反之为隐性耦合；当经济与碳排放的弹性关系处于脱钩时，经济增长且碳排放减弱则为强脱钩，都增加为弱脱钩，反之为隐性脱钩；当经济与碳排放的弹性关系为负脱钩时，经济衰退而碳排放增加时为强负脱钩，两者都增加为扩张性负脱钩，反之为弱负脱钩。王强（Wang）和苏敏（Su）利用塔皮奥（Tapio）脱钩模型实证分析了全球各国碳排放与经济增长的脱钩问题，由于经济发展水平稳定、能源强度的下降促使大多数发达国家处于由弱脱钩向强脱钩转变的阶段，而大部分发展中国家由于经济发展尚处于上升期,能源强度还未下降,经济增长水平主导发展中国家的脱钩进程,导致目前发展中国家并没有表现出明显脱钩状态。而盛鹏飞(Sheng)等基于塔皮奥(Tapio)脱钩模型思想,构建动态(Data Envelopment Analysis,DEA)模型分析经济产出效率与二氧化碳减排之间的关系,认为中国尚未完全实现集约型经济,节能减排政策虽有成效,但由于并不完善的集约型经济的发展与投资模式,导致目前经济增长仍旧依赖于化石能源的高投入、高消费,长期高资本投入转化效率低,技术与效率提升带来的经济增长有限,中国目前处于强负脱钩状态。

中国目前的经济增长与环境污染之间的"脱钩"状态并不理想,"碳锁定"和"碳解锁"的相关理论对技术制度的界定还比较宏观与模糊,虽然阐明了目前"碳锁定"问题在于经济发展轨道被限制在二氧化碳排放量极高的化石能源部门,但对具体如何实现"碳解锁"并未详细描述,只是为学术界提供了一种新的视角来分析目前温室气体减排政策失灵的原因,为实现碳达峰、碳中和提供了一个宏观框架,而主流的OECD指标、塔皮奥(Tapio)脱钩模型等由于指标与模型本身的缺陷、数据局限性等因素导致对政策的未来导向性并不明晰,存在较多的不确定性,未来可能需要更为微观、可行性较高的脱钩模型来评估与分析经济增长与二氧化碳排放的轨迹特征。

三 碳减排影响因素的实证研究

环境规制作为污染治理的有效政策工具,会对绿色技术发展、企业投资偏好、碳减排效果及碳排放脱钩产生影响。具体而言,董直庆和王辉认为环境规制促进本地高污染成本企业向低污染成本地区转移,短期内,污染企业转入地由于企业入驻而经济增长,从而促进绿色技术提升,但长期仍将导致地方绿色技术下降,整体呈现倒"U"形特征。而金刚和沈坤荣的研究也发现环境规制抑制地理位置相邻地区的全要素生产率,经济趋同的城市之间表现出较强的可持续发展倾向。王书斌和徐盈之通过建立门槛回归模型验证了环境规制通过影响企业技术投资偏好推进碳排放脱钩,不同政府环境规制工具影响着企业不同的生产经营阶段，主要表现为，企业在投资方面会考虑技术与金融两个方面，因而在发挥政府对经济增长与环境规制协调能力的同时，要避免企业"脱实向虚"，避免出现金融过热而绿色技术投资下降的现象。环境规制强度影响企业节能减排行为，叶琴等认为在保障规制工具效果的基础上，短期内会导致高碳企业成本提高，倒逼企业进行节能减排技术革新，在对环境规制工具进行细分之后，由政府主导的命令型环境规制的正向效应要强于市场导向型环境规制。

经济集聚是指单位人类经济活动密集程度所带来的经济效益，邵帅等实证分析经济集聚的节能减排效应发现，目前的碳减排被锁定在高碳经济发展路径上，从而无法实现碳排放与经济增长脱钩，由于经济集聚与节能减排呈现倒"N"形关系，导致各地区碳排放强度及减排压力存在经济集聚异质性。城市化也具有经济集聚效应，能够促进产业结构优化，以及能源使用技术与效率的提升，实现节能减排。林伯强和谭睿鹏将能源投入纳入地级市绿色经济效率指标中，通过实证分析发现经济集聚对绿色经济效率的提升存在临界值，与地区自然资源、经济发展水平等方面相协调的经济集聚水平才能促进节能减排。何文举等通过构建环境压力（Stochastic Impacts by Regression on Population, Affluence, and Technology, STIRPAT）对数模型，发现本地产业集聚有利于临地碳减排，但本地产业集聚是否能够促进其绿色发展取决于产业技术水平。

关于碳减排影响因素的实证研究十分丰富，但由于这些影响因素都处于社会经济体系之中，大多相互联系，相互影响，实证研究虽然可以将部分无法观测到的因素剔除掉，但这类研究在模型构建、研究数据、变量选取等多方面，无法做到将所有因素容纳在一个能够预测未来碳达峰、碳中和的时间轨迹中，无法提供具有可控性、可预测性、综合性的政策建议。

四　碳达峰、碳中和情景预测与经济社会影响理论

情景分析法需要利用国家相关政策法规与各类影响因素，将过往情景预测进行对比，以此作为前提基础，对问题进行不同程度分类情景的预测

分析，并对作用因素进行简要分析。关于二氧化碳排放情景预测与影响因素的研究分析中，主要使用 STIRPAT 模型、对数平均迪氏指数法（Logarithmic Mean Divisia Index，LMDI）、广义迪氏指数分解法（Generalized Divisia Index Method，GDIM）、经济—能源—环境一般均衡模型等模拟分析方法。具体而言，段福梅利用粒子群算法与反向传播（Back Propagation，BP）神经网络结合优化分析中国二氧化碳碳达峰峰值的预测情景，综合考虑人口规模、能源结构、技术研发强度、城市化水平等因素或强或弱两类预测值，组合产生多种节能低碳情景，通过比较各类情景，发现在保持现有发展模式的情形下，中国即使在 2050 年也无法实现碳达峰，在技术研发水平持续保持高强度基础上，大部分情景预测都能在 2030 年达到不同程度峰值，在保持人均 GDP 低速稳定增长的情形下加快实施能源技术与结构的优化等节能减排措施是实现碳达峰较为理想的途径。陈占明等利用二氧化碳数据库与地级市数据，通过扩展的 STIRPAT 模型进行实证分析表明控制人口规模是大型城市碳减排的关键，而中、小型城市应注重技术提升与产业结构优化，城市规模会影响整体碳达峰的路径设计。李佛关和吴立军利用 LMDI 分析发现能源结构与人口规模方面的碳减排效益有待优化，经济发展水平过于激进会导致减排受阻，技术提升成为减排主攻方面。王勇等针对东北地区的交通运输情况，利用 GDIM 分别在基期、低碳、低碳与技术双重提升三类不同情景下进行碳达峰预测，预计在倡导和实现低碳节能、提升能源技术的情形下，中国交通运输行业能够在 2030 年及之前实现不同程度的碳达峰。张世国等基于国家信息中心经济—能源—环境一般均衡模型模拟估计中国在 2025 年实现不同碳达峰峰值带来的经济损失，通过对比发现在到达碳达峰之前，节能减排力度越大，不仅会降低达峰绝对值，更会减轻后期碳中和所面临的环境压力。

综合来看，不同的碳达峰情景预测在行业、地级市、省级层面存在差异，但能源结构提升、能源技术变革一直是碳达峰实现的关键，碳达峰预测时间虽然不同，但绝大部分都能在 2030 年及之前实现，碳达峰时间长短与碳达峰峰值高低从另一个方面预示未来碳中和的成本消耗与环境压力大小。高碳行业虽然碳减排潜力巨大，但达峰时长也较晚。产业结构、能源技术改革、绿色研发、城市化水平、经济发展模式对碳达峰、碳中和存在不同程度影响，其影响程度的差异化更是说明在碳达峰、碳中和的具体工作中不能采取"一刀切"政策手段，需要综合考虑各类影响碳减排因素以实施因地制宜的节能减排措施，此外，以能源为核心的产业结构、技术等一系列因素更是影响碳达峰能否在 2030 年实现的关键。

五　碳源、碳汇与碳中和理论

碳源、碳汇与二氧化碳等温室气体密切相关，碳源是指自然与人类产生二氧化碳的来源，而碳汇就是碳源的另一面，是指自然中能够吸收二氧化碳的储蓄库，土壤既是碳源，也是碳库，退耕还林能够提高土壤碳库储量，碳源与碳汇属于碳循环的重要部分，两者的主体都涵盖自然界。但是，碳达峰、碳中和中的二氧化碳排放范围仅指人类生产与经济活动，碳达峰是指在人类经济活动所产生的二氧化碳排放量增长至峰值然后逐渐降低的状态，达到峰值之后可能出现波动，但总体趋于平稳并逐渐回落。碳中和是指在碳达峰的过程中，对于本国企业、团体或个人活动产生的二氧化碳，利用植树造林、节能减排、新型工业化等多种主动处理二氧化碳排放量的方法，抵消人类活动所产生的二氧化碳排放量，实现人类活动产生二氧化碳的"零排放"。二者之间循序渐进，其最终目标在于实现二氧化碳的"净零"排放。碳中和不仅是对人类经济活动的修正与优化，更是对自然生态系统的一种主动修复。相比碳源、碳汇，更体现了经济发展动能需要由高碳向低碳转变的绿色发展理念，目前单纯依靠生态环境吸纳二氧化碳等温室气体的方案已不可行，全球变暖就是自然界对人类发出的警告，建立国际性的"绿色共识"，推进"绿色发展"是实现碳中和的重要条件。

第三节 能源转型是实现碳达峰、碳中和的关键

一 能源结构优化

关于评估碳减排效率方面的研究中，大部分都指出化石能源与清洁能源等组成的能源消费结构变化是碳减排能否成功的关键。碳达峰、碳中和的实现可以从提高二氧化碳所引起的产出效率来相对降低二氧化碳的排放量。碳生产率作为衡量经济发展与生态改善方面的指标，利用 GDP 与碳排放的比值反映单位碳排放产生的经济效益。白彩全（Bai）等通过评估1975—2013 年 88 个国家的碳生产率，发现全球碳生产率的提升主要来源于技术进步，按照国家碳生产率的增长情况进一步分类发现，经济发展水平与研发效率越高的国家能够表现出更强的碳生产率，能源强度与外贸依赖度越高则碳生产率增长效应越弱。因此，减少化石能源占比、提高能源使用率能够最小化碳减排造成的环境损失，从而摆脱"碳锁定"，这是尽早实现碳中和的关键。

"去煤化"逐渐成为目前节能减排的主要工作，虽然 2020 年各地清洁能源消纳目标超额完成，但 2020 年中国煤炭消费量仍然占能源消费比例的一半以上，清洁能源消费量占比增长缓慢，煤炭仍旧属于中国碳排放主要来源，中国在"去煤"、发展清洁能源等涉及能源结构优化方面的工作仍存在巨大的提升潜力。李文文（Li）等利用（Meta-frontier Malmqnist Luenberger，MML）指数对中国 36 个工业部门进行碳生产率异质性分析发现，推进清洁能源、进行科技投资对碳生产率水平提高的积极效应最好，煤炭、石化、电力等高碳行业的技术研发投入不足抑制了碳生产率的提升。平新乔等根据 1997—2017 年中国各省碳排放强度对比发现，高度依赖能源产业及产业结构失衡是导致碳排放强度增加的关键因素，通过对比各行业碳排放强度发现，涉及天然气、石油、煤炭等不可再生能源的重度碳排放行业的碳减排压力最大。目前中国清洁能源占比较小，导致其减排效果被

化石能源的高碳排放所抵消，整体清洁能源的推进并未表现出较好的减排成效。

通过对中国国内与国外碳达峰、碳中和的环境进行梳理分析发现，目前中国碳达峰、碳中和目标实现的关键在于一方面要培育未来低碳经济发展的转化动力，尽快提高清洁能源在能源消费中的占比；另一方面要使用政策手段提高清洁能源替代化石能源的速度，推进中和化石能源二氧化碳排放的技术，预计初期总成本较高，但长期能源使用效率与经济效益将会提升。由此可见，中国在碳减排的道路上不仅需要加强对清洁能源的研发投入，降低清洁能源的使用成本，解决清洁能源消纳困难，还需要降低对煤炭等化石能源的依赖性，提升能源结构质量。

二 能源价格改革

2021 年 5 月，国家发展和改革委员会出台了《关于"十四五"时期深化价格机制改革行动方案的通知》，指出"重点围绕助力'碳达峰、碳中和'目标实现""深入推进能源价格改革"。中国能源价格改革经历了两个阶段：1998 年之前，中国能源价格由企业自行定价，其价格并未将能源开采、加工及环境损失等成本内部化，伴随工业粗放式发展，过度开采煤炭等化石能源导致环境污染问题越发凸显；1998 年之后，中国开始能源价格改革，通过市场化提高能源使用效率与资源匹配度，从节能减排的另一角度来解决能源利用率低的问题，但总体推进缓慢，根本原因在于技术欠缺与市场失灵。虽然在能源价格改革中，工业电价的提高能够有效降低碳排放，但政府在能源价格改革中的补贴也导致能源使用效率降低与能源安全问题的出现。目前能源价格改革的主要方式有优化电力、水资源、天然气等价格制度，对高污染、高耗能企业有针对性地设置绿色电价与污水收费标准，其目的在于节能减排。由此可见，中国能源价格改革尚处于初步发展阶段，科学合理的能源价格改革作为对中国能源价格体制的完善，能够间接影响节能减排成效，促进能源价格绿色化，是对能源市场与能源企业践行碳达峰、碳中和行动的重要约束。

第四节 对碳达峰、碳中和进程中政府 与市场作用的重新认识

中国各地的碳减排脱钩程度不一，要实现碳减排强脱钩需要进一步优化以平衡减排成本与经济效益为关键的节能减排措施。王班班和齐绍洲通过实证对比不同类型节能减排政策工具发现，市场型节能减排政策工具的优点在于能够将能源价格市场化，但对公司节能减排技术创新转化率有限；政府命令型政策工具更具针对性，对企业节能减排行为具备一定的硬约束，两者结合所产生的节能减排技术提升效果更好。因此，完善相关制度体系，发挥政府与市场的碳减排规制力，是促进绿色技术投资，科学推进碳交易，不断充实并完善碳达峰、碳中和的重要实施路径。

一 政府碳减排规制约束下的碳达峰与碳中和

1. 低碳技术创新

低碳技术的推广可以提高低碳产品的竞争力，促进低碳经济系统的形成。在电力方面，低碳技术不仅可以优化可再生能源在住房建筑中的使用效率、节能减排，更能够增加电网稳定性，降低电网成本。有研究表明，环境规制、低碳城市试点、智慧城市建设等政策工具能够有效促进企业绿色创新，高碳行业始终是中国低碳技术革新的重点领域。在政府补贴的帮扶下，高碳行业节能减排技术的创新力度要强于低碳行业，带来更高的经济增长水平与节能减排效益，中国的绿色低碳技术尚处于发展时期，企业很难选择符合政府预期的最优节能减排技术并投入足够的技术资金，政策扶持能够在一定程度上修正企业低碳技术投入不足或错配等问题。

2. 能源供给侧结构性改革

2017年，国家发展和改革委员会等16部委联合印发《关于推进供给侧结构性改革 防范化解煤电产能过剩风险的意见》，提出"优化能源结构和布局，走绿色低碳发展道路，积极推动煤电行业供给侧结构性改革"，

能源供给侧结构性改革作为中国特色改革，王锐（Wang）将其归纳为一个供给方、结构与改革的结合体，不同于对需求侧的消费、投资及出口方面的改革，能源供给侧结构性改革的重点在于优化劳动、资本、制度等供给方生产要素的投入结构及生态网络系统等供给侧结构因素。林伯强和孙传旺结合索洛增长模型与碳排放强度进行实证研究分析发现，虽然碳减排在短期内造成了经济损失，减缓了经济增长速度，但节能减排技术投资等提高能效的手段在长期显现出逐渐增强的正向经济效益，能源消费结构优化是碳减排目标实现的关键。由此可见，化石能源占一次性能源消费比例过高将抵消碳减排成效，供给侧减排技术与能源结构优化组合将更有利于减少能源供给侧问题带来的"碳解锁"成效抵消问题。

3. 绿色金融

绿色金融是为激励企业绿色创新与发展所提供的有关清洁能源、绿色技术、节能环保等满足经济绿色发展理念方面的金融服务。政府所提供的金融服务的有效性与可靠性能够提高企业从事节能减排经济活动的动力与信心，而绿色金融作为目前实现碳达峰、碳中和的工具之一，许多高耗能、高污染企业要想在今后的绿色转型中获得更好的资金支持，则需要满足绿色标准方可申请绿色金融服务，这一条件在一定程度上提高了企业的信息披露程度，能够有效提高企业的污染治理效率。目前中国绿色金融体系的绿色激励效应还未完全激发，企业的信息披露程度还需进一步提高，要继续完善地方政府对企业的绿色评估系统与相关法律法规，强化绿色金融体系监管力度，提高金融机构的风险预测与管理能力。

4. 财税政策

促进市场经济健康运行的财政工具能够带来更为稳定增长的环境收益，财政工具将环境质量与私人投资内部化，并通过对绿色技术进行补贴降低污染排放，保障整体财政工具对经济增长与环境效益的积极作用。环保财政支出作为地方政府环境治理强度偏好的体现，能够提升绿色技术投资力度以促进地区节能减排。碳税会增强市场对绿色能源技术投资的信心，加快现有高碳技术向绿色低碳技术的转变速度，相比于无碳税模拟情形，碳税能够提高未来达到碳达峰峰值的实现速度，并降低碳达峰峰值。财税政策作为直接影响企业从事节能减排投资创新的资本性激励，在存在信息不对称的情形下，配合财政激励所产生的一系列制度规制可以提高企业的环境与绿色创新信息的披露程度，提高企业与政府相关部门的沟通交流程度，在一定程度上能够提高企业节能减排动机，改善企业绿色转型环境。

二　市场机制起决定性作用下的碳达峰与碳中和

1. 碳交易

2005 年，《京都议定书》将"碳排放权"纳为国际商品，2011 年，中国出台碳交易政策。碳交易作为将企业环境污染成本内部化的市场型环境规制工具，由政府引导、市场主导，督促企业向低碳方向转型，对规范、促进企业为主体的二氧化碳排放的碳达峰、碳中和行为起到积极效应。任晓松等利用多重差分模型发现，碳交易政策存在污染减排与绿色协同发展效益，有助于促进中国实现碳排放脱钩。碳税与碳交易两者的结合能获得更低的减排成本与更高的减排总量，因而不论是政府主导还是市场机制起决定作用的碳达峰与碳中和措施，政府与市场的同时协作能够实现更广的碳达峰覆盖面，将碳达峰、碳中和更有效地融合在目前的经济体系中，强化高碳经济向低碳绿色经济体系转变的内外环境支持，有效提升公众对碳达峰与碳中和的认识。

2. 碳市场

碳市场作为碳交易的主要场所，将独立减排企业相互联系起来，形成自由流动的碳交易系统，影响整个碳交易的配置与减排效率。减排压力较大的企业也可在碳市场购买缺少的排放额度，各省份的减排配额由中央政府定期制定。碳排放配额设计的合理性是碳市场健康运行的核心，碳交易市场分为两类基础产品，一类是政府为各企业设置的碳排放量；一类是国家核证的自愿减排量（Chinese Certified Emission Reduction，CCER），即超出碳排放额度的企业除了在碳市场购买第一类基础产品所衍生的其他低排放企业多余的碳排放交易配额以外，如果减排企业中存在由于低碳技术引入等引起的碳减排低于政府分配的基准碳排放额度，该企业凭借其剩余碳排放额度可申请成为自愿减排企业。

对于第一类基础产品，碳减排分配制度设置的可调配性不仅能提高低碳减排体系的运行效率、经济增长、技术提升，更能降低各产业二氧化碳减排的边际成本与未来预期边际成本，提高资源配置效率与减排效率等。目前看来，在碳减排相关制度的设计上，主流观点认同在保证效率与公平基础上，对排放量目标的设置应该与各地区经济发展水平、碳减排技术发展情况等各因素进行综合考量，中国碳减排的相关制度设计还存在很大的提升空间。

对于第二类基础产品，国内研究较少，CCER 作为自愿减排企业行为所产生的碳减排商品，企业自愿减排是 CCER 存在的关键前提，中国自愿减排交易机制仍处于初期发展阶段，陆敏等将自愿减排与强制减排交易综合对比发现，在强制性减排压力与财政补贴政策的加成下，更能激发企业自愿减排，自愿减排在最大化社会福利的同时，能够最小化企业成本，实现更低的减排水平。国外以自愿减排为核心的相关减排项目的研究指出，自愿减排企业的信息披露程度较高，政府对该类企业的评估要求更为严格，能够优化监管部门与减排企业之间的信息不对称，其减排效果可能会优于财政补贴引导。由此可见，政府对于自愿减排项目的科学引导能够避免企业行为或市场失灵带来的环境损失。

3. 碳定价

碳定价作为政府规制减排的工具之一，对企业或个人经济活动所产生的二氧化碳等温室气体导致的环境破坏等一系列外部成本以二氧化碳排放价格的形式表现，将个人或企业温室气体排放行为商品化，既可以促进温室气体排放者产生向低碳减排的集约式经济转变的动机，又可以为政府提供财政收入，碳定价主要包括排放交易系统、碳税、碳定价抵消机制等其他类型。目前，中国碳定价各类型发展状况不一，大都处于初期发展阶段，碳定价作为对《巴黎协定》的进一步阐述，在 OECD 的环境文件中指出，全球各国共同实施并扩大碳定价覆盖部门将带来更多的经济与环境效益，相比仅由二氧化碳部门实施碳定价，碳定价的覆盖面扩大至非二氧化碳排放部门能够节约大概一半的减排成本。

第五节 本章小结

认识中国高质量发展阶段的碳达峰、碳中和新情境。中国正处于高质量转型发展阶段，相比于其他国家经济总产值的增速，经济尚处于中高速发展阶段，城市化、工业现代化也处于上升时期，能源需求量大，工业经济发展中可再生能源等清洁能源消费占比相对偏低。由于清洁能源的开发耗资大、研发时间久、转化缓慢等问题，中国在能源方面的碳减排需要逐步增加。因此，石油、煤炭等化石能源无法从关键工业生产领域的使用中完全脱离。一方面要提高化石能源使用率，控制化石能源消费总量，解决清洁能源消纳问题，提高清洁能源替代速度；另一方面除工业等高碳行业以外，低碳行业同样需要引入低碳技术，提升二氧化碳的源头处理能力，整体提高产业链绿色化程度。碳达峰、碳中和的核心思想就是碳减排，是中国经济由高速增长转向高质量发展的内在诠释，中国需要从整体上提高企业、个人对碳达峰、碳中和的认识，促进工业、交通、建筑、制造业等高碳行业的绿色转型与创新，并利用大数据、5G等新一代信息技术平台加快能源供给侧结构性改革，优化能源消费结构，优化能源产业链，适应碳达峰、碳中和的节能减排需要。

以习近平生态文明思想的整体布局观念分析碳达峰、碳中和问题。要实现"双碳"目标，需要为低碳环保技术、人才培养创造良好的外部发展环境，吸引人才投身高新技术产业、先进服务业等低碳领域，扩大低碳环保产业市场占有率，促进形成以绿色技术为核心的低碳产业体系与社会制度规制，加速碳达峰的实现；提高公众对节能环保、绿色发展理念的深入了解，增强个人对绿色低碳经济、交通运输与生活方式等的获得感和幸福感，在逐渐适应改变总体社会价值观与生活方式的同时，促进城市化建设、农村及农业现代化建设向碳达峰、碳中和方向转变，引入绿色低碳建筑、低碳交通运输设施、绿色供暖设施等节能环保项目，增强改变高碳出行方式的个人激励，完善居民电价机制，提高森林覆盖率，提高碳汇能力，为碳中和创造动力来源；推进农业现代化相关补贴与政策支持，根据各地区农村经济发展水平，因地制宜推广节能减排生活方式，在一定程度上促进农村城镇化建设。

从政府与市场的关系中优化维度探寻碳达峰、碳中和实现路径。实现碳达峰、碳中和还需要坚持政府与市场两方结合，由政府引导，市场主导，因地制宜发挥现行碳减排工具的优势与长处。根据各地、各行业用能情况分类引导实施碳税与碳交易相结合的减排方式，建立健全节能减排技术制度，提高污染企业环境信息披露程度，引导企业进行低碳环保转型；建立健全绿色金融服务体系，加强对绿色金融行业的监管力度，对企业节能减排行为提供定向补贴，保证对绿色能源技术开发的相应政策扶持，保证绿色技术转化率，以政府强制规制手段修正碳市场失灵问题；注重官员绿色 GDP 政绩考核，提高政府绿色支出效率，增加绿色基础设施建设与服务，合理规划城市与经济发展建设，提高企业环境准入门槛，加强企业污染排放治理，激励企业自愿减排，强化自愿减排第三方机构监管能力，根据地区碳排放与碳吸纳能力设置碳配额与碳定价；设置加快高耗能企业高碳设备、技术投入的淘汰速度的绿色激励，根据现有产业链、技术优势发展特色化低碳环保业务，促进产业结构转型升级；依托清洁能源先进技术应用，促进绿色技术创新，形成绿色技术标准体系，解决能源消纳问题，壮大清洁能源产业。

第三章　能源替代视域的环保政策：
"煤改气、电"与污染减排*

第一节　问题的提出

作为中国最具发展活力的三大经济增长极之一，京津冀是重要的能源消费中心区域之一，能源协同发展构成了京津冀协同发展的重要内容。2017年，京津冀3地联合印发的《京津冀能源协同发展行动计划（2017—2020年）》提出能源设施协同、能源治理协同、能源绿色发展协同、能源政策协同等目标，对于推动京津冀地区能源结构优化、能源效率提升和能源绿色协同发展具有重要的导向和现实意义。

作为能源绿色发展协同的主要推动力，"禁煤区"划定及禁煤力度的逐步加大，由此产生了一系列的经济社会问题。燃煤作为取暖的主要方式已具有上千年的历史，是近年来"雾霾频发"的主要元凶，已引起公众、政府的高度关切。2017年是《国务院关于印发大气污染防治行动计划的通知》第一阶段的收官之年，以多种补贴形式推动的"煤改气""煤改电"工程逐步在全国18个省市推广落地，对燃煤取暖发起强烈冲击，然而，

＊ 本章主要内容以《京津冀绿色协同发展效果研究——基于"煤改气、电"政策实施的准自然实验》为题发表在《经济与管理研究》2018年第11期。

2017年12月4日，环保部向京津冀及周边地区"2+26"城市下发特急函"坚持以保障群众温暖过冬为第一原则"，进入供暖季，凡属没有完工的项目或地方，继续沿用过去的燃煤取暖方式或其他替代方式。"煤改气、电"政策是否提高了空气质量和推动了能源绿色转型日益成为社会关注的热点话题，并引起学界的积极回应。

但令人值得质疑的是，从"煤改气、电"政策实施来看存在一些缺陷：一是"一刀切"式执法，部分补贴标准模糊或者不到位；二是缺乏基于需求响应的补贴机制设计，过度依赖于补贴，补贴退出机制尚不明确；三是缺乏"煤改气、电"补贴机制对能源供应安全的影响研究，"气荒"等风险管控政策体系不够完善。党的十九大报告再次强调了关于"加快生态文明体制改革，建设美丽中国"的绿色发展理念，"煤改气、电"政策能否扭转居民能源消费行为和产生需求响应，关乎能源转型的安全、稳定与高效。因此，对于"煤改气、电"政策实施效果的评估，有利于及时发掘"一刀切"式执法对政策效果的扭曲，将有助于使得"煤改气、电"政策产生需求响应行为，提升政策实施效果，更好地推动京津冀地区能源绿色协同发展。

第二节　化石能源补贴改革、绿色发展与"煤改气、电"政策传导机制

一　化石能源补贴改革理论、实证与政策述评

国内外文献主要从化石能源补贴改革的理论机制、实证效果与政策研究、环境规制等方面对能源转型和绿色发展效果进行分析和评价。化石能源补贴改革的理论研究方面，罗斯·麦基特里克（Ross McKitrick，2017）认为世界各国政府通过削减能源补贴达到增强经济运行效率和减少环境外部性，然而补贴的定义及其测量难度较大，尤其是将未定价的外部因素定义为补贴，尤其会产生误导的结果，补贴应当存在且仅仅是很小的一部分，其他间接手段与财政负担、分配的无效率基本不存在关联性。刘伟

（2012）认为化石能源补贴改革虽然在一定程度上改善了环境和提升了能源效率，但也对经济、社会产生了一系列的负面影响，须从主体层、目标层和执行层深入分析化石能源补贴改革的障碍，并提供具有可操作性的化石能源补贴建议。李虹（2011）认为中国化石能源补贴倾向于消费侧补贴，运用价差法对中国化石能源补贴规模进行了测算，并认为取消补贴不仅可以减轻财政负担，还可获得一定的环境效益。姜春海等（2017）采用可计算一般均衡（Computable General Equilibrium，CGE）模型对京津冀和鲁豫的核心"禁煤区"与外围"禁煤区"的禁煤力度进行了模拟分析，认为各地区的禁煤力度应当根据所承受的经济社会压力的差异而区别对待，对于禁煤区的范围应当是稳步扩大，并采取中央财政补贴、治霾减排等政策组合，以推动煤炭替代战略更有效的落地实施。

化石能源补贴政策的需求响应行为研究方面，拉杰什·阿查里雅和安瓦·萨达特（Rajesh H. Acharya&Anver C. Sadath，2017）研究了印度能源补贴改革的福利影响，认为所有化石能源的价格弹性较低，而收入弹性较高，能源补贴将引起总体能源价格上涨，将侵蚀实际收入水平进而影响印度的社会福利，随着能源补贴的减少程度，能源消费支出增加进而降低能源消费，政策制定者需明确补贴的真正目标，以确保补贴改革对福利的负面影响降至最低。诺拉·默罕默德和侯赛因·阿里贝科海特（Nora Yusmabte Mohamed Yusoff & Hussain Ali Bekhet，2016）运用一般均衡模型就马来西亚能源补贴取消对能源总需求和潜在能源节约的影响进行了模拟研究，认为同时取消燃料和税收补贴政策对最终能源需求和潜在能源节约的影响最大；在能源补贴完全取消的前提下，基于能源总体需求的潜在能源节约高于国家能源效率总计划的目标。

化石能源补贴的环境与经济效果实证研究方面，加布里埃拉·曼达卡（Gabriela Mundaca，2017）研究了中东和北非国家的化石能源补贴对经济增长的影响，认为期初对化石能源补贴，随后削减或取消补贴，将引起较高的人均地区生产总值增长率、就业率和年轻人的劳动参与率。蒋竺均等（2013）运用投入产出价格模型，在政府价格管制或者无管制两种情形下，模拟了中国取消化石能源补贴对居民收入分配的影响，认为取消不同能源补贴的分配具有差异性的影响，补贴改革对居民的间接影响大于直接影响，价格管制可在一定程度上减轻补贴改革的负面效应，能源补贴改革可以从累进性强、影响较小的交通燃料着手，加以适当的补偿减弱对贫困居民的影响。林伯强（2016）在分析全球化石能源补贴退出的趋势下，认为中国化石能源补贴已基本取消，但居民部门的交叉补贴严重，考虑到经济发展、普遍服务和环境可持续性等能源目标的前提下，允许存在一定的有效能源补贴，须主要解决居民交叉补贴并减少环境外部成本，严防能源补贴反弹。

二 绿色发展与京津冀环境治理文献述评

胡鞍钢和周绍杰（2014）认为，绿色发展观是第二代可持续发展观，强调经济系统、社会系统和自然系统之间的系统性、整体性和协调性，并构建了绿色发展的"三圈模型"，分析了经济系统、自然系统与社会系统的共生性和交互机制。李晓西等（2014）借鉴人类发展指数的编制思想，在社会经济和生态环境可持续发展同等重要的前提下，构建了"人类绿色发展指数"，采用了 12 个元素指标对 123 个国家绿色发展指数进行了计算和排序，中国仅位列第 86 位。韩晶（2012）在考虑环境污染与能源消耗的基础上，运用 DEA 方法测度了中国各地区绿色创新效率及其影响因素，研究认为中国各地区绿色创新效率差异较大，外资进入与结构调整对绿色创新效率产生积极影响，但环境规制并未对绿色创新效率产生显著影响。向其凤和王文举（2014）认为能源结构的调整会受制于能源内部替代性与能源供应结构，通过建立能源结构优化模型研究了碳排放量最优化的各部门能源结构，认为技术水平和能源供给一定的情况下，经济增速越低，碳强度下降幅度会越大。史丹和马丽梅（2017）采用北京、天津和河北 11个城市的数据研究了环境规制视角下京津冀协同发展的演进特征，研究表明 2010 年以来，京津冀地区环境规制才显现正相关性，污染溢出效应使得单独依靠本地的环境规制难以起到改善环境的效果，须增强空间关联，深化区域协同，才能够共同推动环境规制绩效的提升。马丽梅和史丹（2017）从环境规制视角对京津冀城市群的绿色发展进程进行了研究，研究认为，前工业化阶段环境质量逐步下降、工业化阶段环境质量呈现先降后升的"U"形特征、后工业化阶段的环境质量逐步上升；京津冀地区的绿色发展是"一个整体"，须基于空间视角进行环境治理，推动京津冀绿色协同进程的关键是打造工业低碳发展的新动能。周珍等（2017）基于民众、企业和政府的角度，建立了京津冀非合作雾霾治理模型与区间合作治理博弈模型，研究认为，如果没有政府补贴，雾霾治理的成本将无法负担，合作治理雾霾的政府补贴最少。

上述文献存在的局限性主要体现在：一是，仅考虑化石能源补贴本身对环境和经济的影响，尚未涉及化石能源替代性消费对绿色发展的影响；二是，对"煤改气、电"式能源转型驱动绿色发展的需求响应机制分析不足，作用机理及其反馈效应有待进一步深化研究；三是，缺乏对"煤改气、电"政策实施效果的评估，尤其是"煤改气、电"对绿色发展、能源效率和能源消费结构影响的综合研究比较少见。区别于已有文献的研究，本章的创新点主要体现在：一是，从能源消费转型与绿色发展的"煤改气、电"政策实施视角，考察"煤改气、电"政策实施的传导机制和效果，弥补了现有文献仅从化石能源消费本身的相关补贴改革研究；二是基于京津冀城市的能源与绿色发展的面板数据，分别从"煤改气、电"政策实施的减排效果、节能效果和能源结构优化效果等维度进行实证研究，对于深化京津冀绿色协同发展的研究具有较强的针对性；三是通过对京津冀各地区主流媒体对"煤改气、电"的新闻报道频率的分析，确定"煤改气、电"政策实施的时间节点，并采用双重差分（Differences-in-Differences，DID）模型和倾向得分匹配—双重差分（Propensity Score Matching-Differences in Differences，PSM-DID）模型对政策实施效果进行准自然实验，为下一步更好推进"煤改气、电"政策落地提供依据。

三　"煤改气、电"政策实施的传导机制分析

化石能源补贴改革侧重于从总体上降低化石能源消耗，改善环境质量

和节约能源。与化石能源补贴改革相比，化石能源之间的消费替代，成为推动节能减排和绿色发展的重要抓手。"煤改气、电"政策旨在通过降低燃煤消耗量，将能源消费转向相对清洁的天然气和电力，这种消费侧的转移，将直接减少燃煤数量，降低因燃煤导致的污染物排放。如今，全国已有 18 个省市实施"煤改气、电"政策，由于政策力度、政策工具存在差异性，实施效果也各有不同，同时在政策实施过程中也存在着诸多问题，比如，天然气供应紧张、冬季供暖迟到、设备成本过高不能一步到位、政策一刀切、执行操之过急、尚未产生需求响应行为等问题。本章拟从空气质量、能源消耗和居民生活三个维度对"煤改气、电"政策实施效果进行评价。

从政策实施对污染物排放的影响方面来看，"煤改气、电"政策主要是应对冬季由于燃煤取暖所出现的重度雾霾现象，空气质量的恶化，大面积能见度过低，不仅对人们的出行产生影响，而且对人们的健康也产生很大的危害。所以，为了减少冬季燃煤污染，提高居民生活质量，多地政府开始实质性地推进"煤改电、电"工程，即宜气则气、宜电则电。雾霾主要的组成部分是二氧化硫、氮氧化物和可吸入颗粒物，目前经国家环保机构认定的燃煤排放的主要污染物为可吸入颗粒物、硫氧化合物、氮氧化物和一氧化碳。压减燃煤消耗将通过改变能源消费结构，对污染物减排产生直接影响，本章采用工业烟（粉）尘排放量、工业二氧化硫排放量代表绿色发展的指标。

从政策实施对能源消耗情况的影响机制来看，"煤改气、电"将在压减燃煤的同时，对天然气、电力产生更多的需求，天然气供应的缺口和电力的来源成为"煤改气、电"政策实施应面临的主要挑战，虽然以煤炭为主的能源消费结构在中国短期内不会得到根本性转变，但随之而来的天然气、电力该如何填补因燃煤压减所带来的能源消耗减少，是"煤改气、电"政策实施须考虑的重要问题，例如很可能产生"气荒、电荒"等社会问题，对能源效率的变化也具有直接的驱动作用。本章采用单位 GDP 能耗代表能源效率的指标，以进行"煤改气、电"政策对能源效率影响的评估。

从政策实施对居民生活的影响方面来看，居民生活中对煤、天然气、电力等能源的需求不可或缺，由于"煤改气、电"政策实施在城市主要采取燃煤锅炉的集中供暖、在农村主要体现为安装燃气、电取暖设备，在政策实践上存在着补贴强度差异，而且居民对天然气、电力消费的转移，将很可能提高能源消费成本，因此，在一些地区存在着居民对"煤改气、电"政策的抵制行为，由此造成了部分地区"煤改气、电"政策执行难以有效落地，如何促进居民对"煤改气、电"政策的支持和制定合理的能源消费补贴政策，是实现燃煤替代战略的关键，亦即"煤改气、电"政策如何落地并产生需求响应行为。本章采用人工煤气、天然气使用人口数量、农村用电量等指标衡量实施"煤改气、电"政策前后居民能源消费结构的变化。

第三节　指标构建、数据来源与描述性统计

本章关注的是京津冀地区，因此选取北京、天津和河北省 11 个地级市的数据进行研究，共计是 13 个城市，由于 2003 年以前国内基本未涉及"煤改气、电"政策，所以选取的时间起点是从 2003 年开始，由于数据可得性考虑，研究区间取到 2015 年，各项数据指标分别来源于中经网统计数据库、《中国城市统计年鉴》《北京统计年鉴》《天津统计年鉴》《河北省统计年鉴》以及中国经济新闻库等。

一　被解释变量

根据本章的研究需要和数据的可获得性，主要是基于"煤改气、电"政策变化前后，对污染物排放、能源效率、能源消费结构等指标进行考察。首先，"煤改气、电"政策实施后，燃煤压减会导致因煤炭燃烧引起的污染物排放下降，用《中国城市统计年鉴》中"工业二氧化硫排放量"和"工业烟（粉）尘排放量"衡量污染物排放量变化，作为被解释变量的第一个维度；用《河北省统计年鉴》中"单位 GDP 能耗"衡量能源使用

效率，作为被解释变量的第二个维度；用中经网统计数据库中"人工煤气、天然气用气人口数"和"农村用电量"衡量能源消费结构变化，作为被解释变量的第三个维度。

二 政策变量

2013 年 9 月，北京市开始实施《北京市 2013—2017 年清洁空气行动计划》，以"煤改气、电"为主要形式的燃煤压减进入快速发展阶段，煤炭消费由 2012 年的 2300 万吨压缩至 2016 年的 1000 万吨以内。结合图 3-1 关于 2003—2015 年京津冀"煤改气、电"相关新闻报道次数走势来看，自 2011 年以来，对"煤改气、电"政策的相关报道呈现显著增长，据此，本章将"煤改气、电"政策实施起始年份定为 2011 年，一方面，2003—2010 年，虽然也有"煤改气、电"的相关报道，但频率较低，并结合京津冀"煤改气、电"工程建设情况来看，尚未进入大规模实施阶段；另一方面，北京、天津和石家庄作为京津冀地区的核心城市，在"煤改气、电"政策实施上显然处于领先地位，所以选择北京、天津和石家庄作为实验组，河北省其余 10 个地级市作为控制组，以评估"煤改气、电"政策的实施效果。

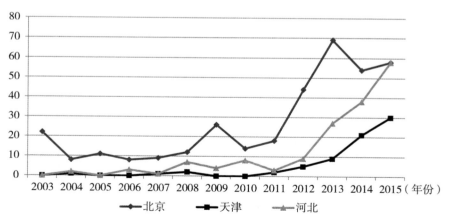

图 3-1 2003—2015 年京津冀"煤改气、电"相关新闻报道次数

资料来源：根据中国经济新闻库查询整理。

注：纵坐标表示新闻报道次数，横坐标表示年份。

三　控制变量

本章选取人均 GDP、人口密度、第二产业增加值占 GDP 比重、城镇化率和能源工业投资等指标作为控制变量，以更为准确地进行回归估计。人均 GDP、人口密度、第二产业增加值占 GDP 比重的原始数据来源于中经网统计数据库，人均 GDP（市辖区）数据作为各个城市经济发展水平的衡量指标；人口密度（市辖区）数据作为各个城市能源消费主体数量的衡量指标；第二产业增加值占 GDP 比重（市辖区）作为各个城市产业结构的衡量指标；各个城市城镇化率、能源工业投资的原始数据均来源于《北京市统计年鉴》《天津市统计年鉴》和《河北省统计年鉴》，城镇化率是用非农业人口除以年末总人口得到。在数据搜集与整理过程中出现的部分缺失值的处理方法为相邻加权平均或移动平均法。表 3-1 和表 3-2 分别对本章所涉及的指标、数据进行说明和描述性统计。

表 3-1　　　　　　　“煤改气、电”政策实施效果评价的主要变量概述

变量类别	变量名称	变量符号	变量含义
被解释变量	工业二氧化硫排放量（万吨）	$lnSO_2$	衡量政策实施前后因燃煤替代导致的二氧化硫排放量变化
	工业烟（粉）尘排放量（万吨）	lnemission	衡量政策实施前后因燃煤压减导致的工业烟（粉）尘排放量变化
	单位 GDP 能耗（吨标准煤/万元）	energypergdp	衡量政策实施前后能源利用效率变化
	人工煤气、天然气用气人口数（万人）	lnairp	衡量政策实施前后居民用气人口数变化
	农村用电量（亿千瓦时）	lnelev	衡量政策实施前后农村用电量变化
政策变量	政策执行时间变量	time	2003—2010 年：time＝0；2011—2015 年：time＝1
	实验组标识	treated	北京、天津、石家庄：treated＝1；河北省其他 10 个地级市：treated＝0
	“煤改气、电”政策变量	did	政策执行时间与实验组的交互项

续表

变量类别	变量名称	变量符号	变量含义
控制变量	人均 GDP_市辖区（万元）	lnpergdp	代表地区经济发展水平
	人口密度_市辖区（人/平方公里）	lndensity	人口密度越大，预期污染排放量越大
	第二产业增加值占 GDP 比重_市辖区（%）	structure	代表产业结构，预期工业比重越高，污染排放压力越大
	城镇化率（%）	city	城镇化率越高，集中供热面积越大，农村散烧煤取暖越少，预期燃煤污染排放越少
	能源工业投资（亿元）	lninvest	用于衡量能源行业投资规模，投资规模越大，预期政策实施效果越好

表 3-2 各变量的描述性统计

变量	样本量	均值	标准差	最小值	最大值
lnairp	169	4.1584	1.6563	-1.0498	7.2764
lnpergdp	169	1.4211	0.5091	0.3811	2.7722
lndensity	169	7.6472	0.6719	6.1421	9.3457
structure	169	0.5026	0.1232	0.1974	0.7721
$lnSO_2$	169	2.2457	0.7565	0.7916	4.2501
lnemission	169	1.4327	0.9541	-0.6404	5.2257
energypergdp	169	1.3575	0.6155	0.0617	2.9500
city	169	0.4820	0.1696	0.0811	0.8650
lninvest	169	4.0785	1.2501	0.9251	6.7280
lnenergycons	169	7.1204	0.8936	5.5875	8.9192
lnelev	169	3.4804	0.7840	1.5155	5.0314

第四节 京津冀"煤改气、电"政策
实施的准自然实验分析

一 模型设定与估计

基于京津冀地区城市特征和"煤改气、电"政策实施来看，北京、天津和石家庄较早付诸实践，基于中国经济新闻库对"煤改气、电"政策关键词的搜索和描述性统计，拟设定北京、天津、石家庄为"煤改气、电"政策实施的实验组，河北省的承德、张家口、秦皇岛、唐山、廊坊、保定、沧州、衡水、邢台、邯郸等 10 个城市为对照组，将 2003—2015 年京津冀 13 个城市划分为 4 组子样本，亦即"煤改气、电"政策实施之前的处理组、"煤改气、电"政策实施之后的处理组、"煤改气、电"政策实施之前的控制组和"煤改气、电"政策实施之后的控制组。模型设定如下：

$$Y_{i,t} = \beta_0 + \beta_1 du_{i,t} + \beta_2 dt_{i,t} + \beta_3 dt_{i,t} du_{i,t} + \beta_4 Z_{i,t} + \varepsilon_{i,t}$$

$du = 1$ 表示京津冀地区实施"煤改气、电"政策的城市，$du = 0$ 表示京津冀地区尚未实施"煤改气、电"政策的城市，$dt = 0$ 表示京津冀地区实施"煤改气、电"政策之前的年份，$dt = 1$ 表示京津冀地区实施"煤改气、电"政策之后的年份。i 和 t 分别表示第 i 个城市和第 t 年，Z 表示一系列控制变量，ε 表示随机扰动项，被解释变量 Y 衡量"煤改气、电"的政策效果，具体包括：工业二氧化硫排放量、工业烟（粉）尘排放量、单位 GDP 能耗、农村用电量、人工煤气、天然气家庭供气总量及用气人口数等。DID 模型中每个参数的含义如表 3-3 所示。

表 3-3 DID 模型中每个参数的含义

分组	实施"煤改气、电"政策前（dt=0）	实施"煤改气、电"政策后（dt=1）	Difference
北京、天津和石家庄（处理组，du=1）	$\beta_0+\beta_1$	$\beta_0+\beta_1+\beta_2+\beta_3$	$\Delta Y_1=\beta_2+\beta_3$
河北省其他地级市（控制组，du=0）	β_0	$\beta_0+\beta_2$	$\Delta Y_0=\beta_2$
DID			$\Delta\Delta Y=\beta_3$

资料来源：作者整理。

运用 DID 方法进行准自然实验的前提是处理组和控制组必须符合共同趋势假设，亦即如果不存在"煤改气、电"政策，北京、天津、石家庄与河北其余 10 个地级市环境污染、能源效率和能源消费结构的变化不存在系统性差异，不管是从经济收敛理论还是京津冀"煤改气、电"政策实施实践来看，DID 方法有可能满足不了这一假定。赫克曼等（Heckman et al.，1997，1998）开发的 PSM-DID 方法，能够使得 DID 方法符合共同趋势假设，并被广泛应用于政策效应的评估研究中。

PSM-DID 方法的原理是基于匹配估计量，在未实施"煤改气、电"政策的对照组里找到某个地级市 j，使得 j 和实施了"煤改气、电"政策的实验组里的城市 i 的观测变量尽可能地相似，也就是说满足 $X_i \approx X_j$，如果城市的个体特征对是否实施"煤改气、电"政策的作用只取决于所选择的控制变量时，城市 j 与 i 实施"煤改气、电"政策的概率比较相近，便于进行比较。匹配估计量能够解决实验组和对照组在受"煤改气、电"政策影响之前不完全满足共同趋势假定所带来的相关问题，对实验组和对照组里的个体进行匹配的时候，倾向得分匹配法在度量距离时具备较好的表现。本章采用相邻匹配的方法确定权重，具体步骤为：第一，基于实验组变量和控制变量对倾向得分进行估计；第二，计算实施"煤改气、电"政策城市的结果变量在政策实施前后的变化情况，对实施"煤改气、电"政策的每个城市 i，计算和其匹配的所有未实施"煤改气、电"政策的地级市在"煤改气、电"政策实施前后的变化；第三，用实施"煤改气、电"

政策的城市在实施"煤改气、电"政策前后的变化减掉匹配以后未实施"煤改气、电"政策的地级市的变化,能够得到"煤改气、电"政策的平均处理效应,亦即衡量"煤改气、电"政策对实验组的城市的实际影响。

表3-4显示的是"煤改气、电"政策对工业烟(粉)尘排放量和二氧化硫排放量的DID估计结果。无论是工业烟(粉)尘排放量还是二氧化硫排放量,did系数均表现出比较显著的负向影响,亦即"煤改气、电"政策实施显著降低了污染物排放总量。

从工业烟(粉)尘排放量的回归结果来看,第1列结果未加入控制变量,did系数在5%的显著性水平上显著为负,第2列结果加入控制变量之后,did系数仍然在5%的显著性水平上显著为负,且与未加入控制变量的系数差异很小,表明回归结果具有较强的稳健性,从控制变量的回归结果来看,第二产业增加值占地区生产总值的比重、人口密度和能源工业投资的系数分别在1%、5%和1%的显著性水平上显著为正,表明工业比重偏高是导致工业烟(粉)尘排放量增加的重要原因,人口密度越大,工业烟(粉)尘排放量越高,能源工业投资也同样导致了工业烟(粉)尘排放量的增长,意味着京津冀地区能源行业发展在一定程度上仍然表现为较为粗放型的特征。从二氧化硫排放量的回归结果来看,未加入控制变量和加入控制变量的did系数符号和大小均保持一致或无明显差异,但人口密度和能源工业投资的系数与工业烟(粉)尘的回归结果相反。为进一步验证DID回归结果的可靠性,须进行共同趋势假设检验,以确保如果没有"煤改气、电"政策的存在,那么各变量应保持相同的变动趋势。

表3-4　　　　"煤改气、电"政策对污染物排放影响的DID估计结果

解释变量	lnemission	lnemission	lnS O_2	lnS O_2
	(1)	(2)	(1)	(2)
did	-0.6865**	-0.7190**	-0.2305***	-0.2025**
	(-2.0900)	(-2.4900)	(-2.8100)	(-2.5300)
time	0.9089***	1.0427***	-0.3366***	-0.5779***
	(5.7700)	(6.1500)	(-3.8300)	(-3.2400)

解释变量	lnemission (1)	lnemission (2)	lnSO_2 (1)	lnSO_2 (2)
treated	0.4424** (2.1700)	0.5966** (2.2500)		
lnpergdp		−0.1500 (−0.8100)		0.3492*** (3.3300)
city		−0.0478 (−0.0700)		0.0735 (0.2500)
structure		2.3884*** (3.5200)		0.4035 (1.1600)
lndensity		0.2491** (2.4500)		−0.0306 (−0.5600)
lninvest		0.2518*** (3.9400)		−0.1222** (−2.1400)
_cons	1.0419*** (10.66)	−2.9386*** (−2.7500)	2.2178*** (36.5800)	2.4121*** (4.4600)
时间变量	不控制	不控制	控制	控制
N	169	169	169	169
R^2	0.1755	0.3901	0.0997	0.0513

注：小括号内的数字代表 t 值，***、**、* 分别表示在 1%、5% 和 10% 的显著性水平上显著。

二　共同趋势假设检验

双重差分法估计结果呈现无偏的一个前提条件是实验组与控制组满足共同趋势假设，也就是说处理组与对照组在"煤改气、电"政策实施之前应该具备同样的变动趋势，否则 DID 方法可能会对估计结果产生偏差。如果共同趋势假设能够成立，那么"煤改气、电"政策对空气质量的影响只会发生在政策实施之后，而在政策实施之前，实验组和控制组的变动趋势不会存在显著差异。对政策实施前的 2003—2010 年与处理虚拟变量之间构建交互项后再次进行回归分析，如果 did 的系数依然显著，而且政策实施前年份与处理虚拟变量的交互项并不显著，则表明满足共同趋势假设检验条件，否则不满足共同趋势假设检验条件，须进一步进行 PSM-DID 分析，以克服不满足共同趋势假设检验所带来的估计结果偏误。"煤改气、电"政策对空气质量影响的共同趋势假设检验结果显示，以工业烟（粉）尘排放量代表空气质量的 DID 回归分析结果满足共同趋势假设检验，政策实施前年份与处理虚拟变量的交互项系数为 -0.6400，在 10% 的显著性水平上显著，且政策实施前年份与处理虚拟变量的交互项均不显著。以二氧化硫排放量代表空气质量的 DID 回归分析结果不满足共同趋势假设检验，政策实施前年份与处理虚拟变量的交互项系数为 -0.2075，P 值为 0.1800，为了降低 DID 估计对结果造成的偏误影响，须进一步使用 PSM-DID 方法进行稳健性检验。

　　在使用 PSM-DID 方法时，将协变量对处理变量进行逻辑（logit）回归（回归结果见表 3-5 所示），获得倾向得分，lnpergdp、city、structure、lndensity 和 lninvest 均对处理变量具有显著的解释力（均在 10% 的显著性水平上显著）。为确保 PSM-DID 方法的有效性，需要检验在进行匹配后各变量在实验组与控制组的分布是否变得平衡，协变量的均值在实验组和控制组间是否仍然存在着显著的差异性，如果不存在显著差异，则表明 PSM-DID 的方法是适用的。从表 3-6 的检验结果来看，进行相邻倾向得分匹配之后，协变量的均值在处理组与控制组间不存在显著的差异性，表明各个变量的分布变得均衡，意味着运用 PSM-DID 方法是较为合理的。本章采用的是相邻匹配进行估计，对"煤改气、电"政策是否产生了降低二氧化硫排放量的效果进行稳健性检验，其估计结果参见表 3-7。

表 3-5　　　　　　　　　　协变量对处理变量的 logit 回归结果

treated	系数	标准误	Z 值	P>∣z∣	95% 置信区间
lnpergdp	-16.4947	9.9076	-1.66	0.0960	(-35.9132, 2.9239)
city	82.2353	44.0800	1.87	0.0620	(-4.1598, 168.6304)
structure	-107.0015	61.9416	-1.73	0.0840	(-228.4048, 14.4019)
lndensity	15.3445	8.8124	1.74	0.0820	(-1.9275, 32.6164)
lninvest	15.5547	8.5090	1.83	0.0680	(-1.1225, 32.2320)
_cons	-166.1637	91.6712	-1.81	0.0700	(-345.8360, 13.5086)

表 3-6 相邻匹配检验结果

变量	是否匹配	均值		t 检验	
		处理组	控制组	t 值	p 值
lnpergdp	未匹配	1.7812	1.3131	5.45	0.0000
	匹配	1.2859	1.3396	−0.30	0.7780
city	未匹配	0.7057	0.4149	13.59	0.0000
	匹配	0.5420	0.5003	0.45	0.6670
structure	未匹配	0.3830	0.5385	−8.15	0.0000
	匹配	0.4218	0.4584	−0.99	0.3590
lndensity	未匹配	7.4507	7.7062	−2.10	0.0370
	匹配	7.7943	7.5355	0.56	0.5930
lninvest	未匹配	5.2317	3.7325	7.60	0.0000
	匹配	4.3841	5.1599	−2.09	0.0820

从表 3-7 的 PSM-DID 估计结果来看，第（1）列和第（2）列未控制时间变量，第（3）列和第（4）列控制时间变量，第（1）列和第（3）列未加入控制变量，第（2）列和第（4）列加入控制变量。回归结果均表明，did 系数不显著，表明"煤改气、电"政策具有降低二氧化硫排放量的效应，但是在统计上并不显著，可能的原因在于"煤改气、电"政策对于治理农村散煤燃烧的效果不理想，并未产生明显的需求响应行为，亦即"煤改气、电"政策在实施过程中遭遇了诸多技术和成本障碍，使得政策效果大打折扣。

表 3-7 "煤改气、电"政策对二氧化硫排放量影响的 PSM-DID 估计结果

解释变量	$lnSO_2$			
	（1）	（2）	（3）	（4）
did	−0.2221	−0.2391	−0.2127	−0.1086
	(−0.26)	(−0.34)	(−0.75)	(−0.40)
time	0.1654	0.1230	−0.2472**	−0.5874***
	(1.25)	(0.86)	(−2.53)	(−3.00)

续表

解释变量	$\ln S O_2$			
	（1）	（2）	（3）	（4）
treated	0.7464*	0.8737**		
	（1.73）	（2.33）		
lnpergdp		0.0428		0.4058***
		（0.27）		（3.64）
city		0.6652		-0.1419
		（0.97）		（-0.47）
structure		3.0796***		0.3451
		（4.63）		（0.90）
lndensity		0.1083		-0.0357
		（1.21）		（-0.60）
lninvest		0.2116***		-0.0493
		（4.08）		（-0.66）
_ cons	2.0578***	-1.5412*	2.0520***	2.0991***
	（25.04）	（-1.71）	（30.56）	（3.58）
时间变量	不控制	不控制	控制	控制
N	169	169	169	169
R^2	0.0354	0.3656	0.1592	0.1341

注：小括号内的数字代表 t 值，***、**、* 分别表示在 1%、5% 和 10% 的显著性水平上显著。

三 "煤改气、电"政策对能源效率与能源消费结构的影响

"煤改气、电"政策不仅对能源绿色发展具有重要影响，而且可能对能源效率提升产生间接的作用。"煤改气、电"政策通过改变能源消费结构，将对单位 GDP 能耗产生影响。本章在以单位 GDP 能耗作为被解释变量进行 DID 回归后发现，不满足共同趋势假设检验，因此，运用基于相邻匹配法的 PSM-DID 模型进行回归，从表 3-8 可以看出，在使用 PSM-DID 方法对能源效率的 did 回归结果均为不显著的负向影响，意味着"煤改气、电"政策在节能上并未作出有效贡献，可能的原因在于气、电相对于煤炭来讲具有较高的使用成本，且安装、调试和维护气、电取暖设备也具有高昂的支出，所以，"煤改气、电"政策只有在降低成本、技术进步的前提

下，才能够更好地推动节能的实现。

表3-8　　　　"煤改气、电"政策对能源效率影响的 PSM-DID 估计结果

解释变量	energypergdp			
	（1）	（2）	（3）	（4）
did	−0.1774 （−0.2800）	−0.2548 （−0.53）	−0.1601 （−0.50）	−0.0382 （−0.13）
time	−0.5179*** （−5.28）	−0.4970*** （−5.15）	−0.8836*** （−7.96）	−1.0804*** （−5.26）
treated	−0.1643 （−0.5100）	0.0221 （0.09）		
lnpergdp		−0.0180 （−0.17）		0.4018*** （3.43）
city		−0.2127 （−0.46）		−0.7488** （−2.37）
structure		2.2833*** （5.12）		1.4434*** （3.59）
lndensity		−0.0222 （−0.37）		−0.0159 （−0.26）
lninvest		0.2008*** （5.77）		0.0462 （0.59）
_cons	1.6785*** （27.58）	−0.0253 （−0.04）	1.7830*** （23.39）	0.9076 （0.142）
时间变量	不控制	不控制	控制	控制
N	169	169	169	169
R^2	0.1840	0.5602	0.2429	0.4898

注：小括号内的数字代表 t 值，***、**、* 分别表示在 1%、5% 和 10% 的显著性水平上显著。

　　"煤改气、电"政策旨在通过以气代煤、电代煤的形式，压减煤炭消费，增加天然气和电力消费，将对能源消费结构产生直接影响。根据"煤改气、电"政策实施的实践来看，城市实施"煤改气"政策，由于具备天然的管网优势，本章选取人工煤气、天然气用气人口数表征"煤改气"政策引起的能源消费结构变化；农村地区"煤改气"由于缺乏管网基础设

施，技术门槛相对较高，实施难度较大，而"煤改电"则具有较好的可行性，因此，选取农村用电量表征"煤改电"政策引起的能源消费结构变化。基于 DID 模型的估计结果（表 3-9）显示，无论是人工煤气、天然气用气人数还是农村用电量均呈现显著的负向影响，为确保回归满足共同趋势假设，对两类变量的回归进行了共同趋势假设检验。

检验结果表明，人工煤气、天然气用气人口数作为被解释变量的回归不满足共同趋势假设检验，须进行 PSM-DID 回归，经过相邻匹配的回归后发现，did 系数为-1.001，P 值为 0.141，意味着"煤改气、电"政策对人口煤气、天然气用气人口数具有不显著的负向影响，表明"煤改气、电"政策对城市居民能源消费结构无明显影响，可能的原因是市区已具备完善的供暖系统，市区"煤改气、电"政策可能着眼于非居民生活用的能源领域，比如工业领域等。农村用电量作为因变量的 DID 模型回归结果满足共同趋势假设检验，无论是加入控制变量还是不加入控制变量，did 系数均在1%的显著性水平上显著，且系数差别较小，表明具有较好的稳健性，表明"煤改气、电"政策显著降低了农村用电量，可能的原因在于"电取暖"相对于"燃煤取暖"具有较高的成本，促使农村居民形成节约用电的习惯，而另外一方面，城镇化率的系数在10%的显著性水平上显著为负，且对农村用电量的影响程度远大于"煤改气、电"政策，意味着"煤改气、电"政策并未从根源上使得电取暖得以普遍应用，政策效果不够理想，城镇化的快速推进，使得农村用电总量呈现出明显的下降趋势，农村地区"煤改电"政策的实施空间仍然较大，不会对电力需求造成较大影响。

表 3-9　　"煤改气、电"政策对能源消费结构影响的 DID 模型估计结果

解释变量	lnairp	lnairp	lnelev	lnelev
	（1）	（2）	（1）	（2）
did	-0.4185** (-2.24)	-0.3043* (-1.70)	-0.1981*** (-3.09)	-0.2211*** (-3.37)

续表

解释变量	lnairp	lnairp	lnelev	lnelev
	（1）	（2）	（1）	（2）
time	1.4492***	1.8820***	0.8228***	0.9414***
	（7.25）	（4.72）	（12.00）	（6.45）
lnpergdp		-0.2887		0.0092
		（-1.23）		（0.11）
city		-0.3796		-0.4295*
		（-0.58）		（-1.79）
structure		1.5326*		-0.0695
		（1.96）		（-0.24）
lndensity		-0.3609***		0.0465
		（-2.94）		（1.03）
lninvest		-0.1451		-0.0166
		（-1.13）		（-0.35）
_cons	3.4614***	6.3158***	3.0642***	2.9565***
	（25.10）	（5.22）	（64.73）	（6.68）
时间变量	控制	控制	控制	控制
N	169	169	169	169
R^2	0.0284	0.0664	0.1193	0.0932

注：小括号内的数字代表 t 值，***、**、*分别表示在 1%、5% 和 10% 的显著性水平上显著。

第五节　本章小结

本章以京津冀地区 13 个城市 2003—2015 年的相关数据为样本，基于中国经济新闻库对"煤改气、电"关键词的搜索与整理，结合"煤改气、电"政策实践，以 2011 年为"煤改气、电"政策的执行时间起点，并将北京、天津和石家庄作为实验组，河北省其余 10 个地级市作为控制组，运用 DID 模型和 PSM-DID 模型实证研究了"煤改气、电"政策实施对城市群绿色发展、能源效率与能源消费结构的影响。研究结论表明，"煤改气、电"政策显著降低了工业烟（粉）尘排放量，对二氧化硫排放量的压减效应虽然为负，但在统计上并未产生显著的影响，且对单位 GDP 能耗的降低效果不显著，"煤改气、电"政策对人口煤气、天然气用气人口数具有不显著的负向影响，可能的原因在于市区"煤改气、电"政策可能着眼于非居民生活用的能源领域，比如工业领域等。"煤改电"政策使得农村用电量下降，可能的原因在于"煤改电"政策并未有效落地，或是相对于燃煤取暖的高成本引发了农村节能行为的产生，研究还发现，城镇化的快速推进也是引发农村用电量下降的重要因素。基于实证研究结论及"煤改气、电"政策实践遭遇的瓶颈问题，本章拟提出以下政策建议：

（1）"煤改气、电"政策应避免"一刀切"执法，须依据各地区经济发展水平和能源消耗结构特征稳步推进。"煤改气、电"并不是简单消灭煤炉子，也不是简单设备更换，而是涉及电网企业线路改造，供热企业用电价格、供暖设备维护保养等诸多环节，电改之后，煤仍然存在，与政策设计初衷存在较大的差距，是"煤改气、电"政策须通力解决的关键问题。（2）投资成本高、长期依赖于政府补贴是"煤改气、电"政策执行的主要障碍，加大对燃气、电取暖技术的研发投入，最大限度降低技术门槛和成本，是"煤改气、电"政策推进的长久之计。（3）"煤改电"供暖效果不好、长期变动成本——电费较高、补贴的不可持续性是基层百姓最为关注的话题，也是"煤改气、电"政策能否产生需求响应行为的核心环节，只有基于政策执行受体的行为，才能够更好地体现出"煤改气、电"政策对绿色发展效果的促进作用。（4）"煤改气、电"实际上是传统化石能源内部替代的一种形式。这种替代应不仅体现在绿色发展上，也须要求提高能源效率，亦即"煤改气、电"式能源转型须根据各地能源消耗结构特征，采取适宜的"煤改气、电"推进路线和规模，确保"煤改气、电"政策能够实现节能减排与绿色发展。

第四章　市场发育视域的环保政策：
排污权交易与能源利用效率[*]

第一节　引言

党的十九大报告强调"推进能源生产和消费革命，构建清洁低碳、安全高效的能源体系""构建政府为主导、企业为主体、社会组织和公众共同参与的环境治理体系"。能源利用效率提升成为中国经济由高速增长阶段转向高质量发展阶段实现降能耗和绿色发展亟待攻克的重大问题之一。近年来，旨在提升能源利用效率、推动节能降耗和绿色发展的能源供给侧结构性改革深入推进并取得明显成效，中国煤炭消费占比持续下降和清洁能源消费占比稳步提升；然而，中国煤炭消费总量仍处于增长阶段，二氧化碳排放总量尚未达到峰值，能源利用效率提升仍面临着较大的能源供给结构约束和生态环境压力。

针对如此严峻的节能减排形势，中国早期主要是以命令型环境规制工具为主，随后在顺应市场化改革的新趋势下逐步探索以排污权交易制度为重大基础性创新实践，陆续发展出碳排放权、用能权等交易形式，排污权

---

[*] 本章主要内容以《排污权交易制度与能源利用效率——对地级及以上城市的测变与实证》为题发表在《中国工业经济》2020年第9期。

交易制度在 11 个省市的试点工作已启动十年有余。与此同时，根据《中国能源统计年鉴 2018》，2016 年中国国内生产总值电耗（2010 年美元价格）为 0.621 千瓦时/美元，远高于世界 0.299 千瓦时/美元的平均水平，中国在很长一段时期仍将维持以煤电为主的能源结构，导致中国能源利用效率非常低，在生态环保压力日益加大的背景下，提高能源利用效率是必需的选择（史丹、王俊杰，2016）。能源利用作为推动经济发展与环境治理问题的关键载体，环境规制对能源利用效率的研究成为能源经济与绿色发展领域研究的热点话题，环境规制对能源效率影响呈现出"抑制论""促进论"和"非线性论"三种理论纷争与验证。排污权交易制度作为市场化环境规制工具能否改善能源利用效率，对于实现节能减排和绿色发展具有重要的研究价值。

排污交易权的原理来自"科斯定理"，在产权明确的前提下，市场交易下的资源可以实现最优配置。施莱希等（Joachim Schleich et al.）（2009）针对欧盟的研究发现排污权交易机制对于能源效率的提升虽然当前效果有限，但未来仍具有巨大的空间。大卫·哈金斯和大卫·约斯科维茨（David Hudgins and David Yoskowitz）（2010）通过建立模型试图解决在成本、价格等不确定性条件下的各国有效排放量，认为应基于市场进行排污权交易，设置监管体系与惩罚机制，资助促进减排的新技术。米歇尔·贝蒂尔和马修·霍夫曼（Michele Betsill and Matthew J. Hoffmann）（2011）认为排污交易机制在工业中实现温室气体排放的减少是有效的，但是关于谁应该负责制定总量管制和贸易规则以及这些规则应该是什么的问题仍存在不确定性。在设计总量管制和交易制度时，最有争议的问题之一是如何分配许可证，以及如何进行自由分配或拍卖。斯坦因（Stein）（2006）认为排污权交易机制有效性需要长期目标的稳定性与基于税收、交易或者某些监管等短期政策相结合来实现。兰比（Lambie）（2010）认为，排污权交易方案的可信度与政策的确定性会影响企业的投资行为与低排放技术的实现。总之，国外关于排污权交易制度的研究主要集中于对相关机制设计的理论研究。

目前中国的排污权交易还在发展阶段，关于利用排污权交易产生的减排效果见解不同。张宁和张维洁（2019）认为排污权交易在试点地区并没有显著的减排效果，但不可否认长期存在经济红利与环境红利。李永友和文云飞（2016）研究认为排污权交易在试点地区减排效果显著，这与良好的排污交易权制度环境密不可分，发挥市场机制的作用使得排污权交易在试点地区的减排效果显著。另外，有文献从能源角度分析排污权交易的政策效果，邵帅等（2013）、冯烽和叶阿忠（2015）认为当前的排污权交易的效果之所以不是很有效，是因为存在能源回弹效果，能源回弹效应在政策中不应忽略，但是这种现象并非所有地区所有年份都存在，技术滞后与市场环境影响了某些地区在排污权交易的减排效果。任胜钢等（2019）认为排污权交易能够通过技术创新与资源配置来提高全要素生产率，而环境法治力度高的地区实行排污权交易更能有效促进全要素生产率的提高。齐邵洲等（2018）利用上市公司绿色专利数据说明了排污权交易能够促进污染企业绿色创新。

已有文献研究存在的不足体现在：①忽略了能源在排污权交易制度推动节能减排中的关键桥梁作用，且尚未涉及排污权交易制度对节能和绿色生产效率的聚焦，仅采用省级或上市公司不包含非期望产出的全要素生产率，或仅以绿色专利数进行验证，并缺乏对排污权交易对能源利用效率影响的理论分析；②已有研究并未体现排污权交易制度最重要的属性——市场化水平的调节效应，且缺乏对地级市能源消费量的模拟测度。基于上述考虑，本章试图以排污权交易制度试点省市下辖的所有可获得数据的地级及以上城市为研究样本，就排污权交易制度对单位地区生产总值能耗和绿色全要素能源效率的影响机制与作用路径进行深入分析和一系列稳健性检验，并进一步考察城市资源禀赋与工业基地类型的异质性效应，为深化排污权交易制度试点效果提供稳健的实证依据与针对性政策参考。

本章的边际贡献主要体现在以下四个方面：①从梳理关于排污权交易已有文献的研究视角看，本章首次基于能源利用效率的具体视角拓展了排污权交易发挥制度红利的关键着力点，深入剖析了排污权交易制度在中国能源结构与污染排放约束下提升能源利用效率的内在机制，在一定程度上弥补了现有文献对排污权交易制度分析未能准确切入中国情境的不足；②从梳理关于能源利用效率研究的已有文献看，本章运用卫星夜间灯光数据首次全面模拟测度了地级及以上城市能源消费量，并将单要素能源效率和绿色全要素能源效率置于排污权交易制度影响的统一分析范畴，弥补了现有文献对地级及以上城市单要素能源效率和绿色全要素能源效率缺乏全面测度分析的不足；③本章扎根于剖析中国排污权交易制度实施存在的市场发育不健全等现实问题，首次将排污权交易制度市场化约束的本质属性、引发"波特效应"的研发创新和绿色创新变量纳入调节效应模型，通过厘清排污权交易发挥制度红利的主要抓手，丰富了排污权交易发挥制度红利渠道的分析，弥补了现有排污权交易文献缺乏对能源利用效率影响机制分析和实证检验的不足；④从排污权交易文献的已有研究样本看，少数文献仅以省级层面或上市公司全要素生产率为指标对波特假说进行验证，本研究首次同时考虑将样本聚焦到地级及以上城市，全面检验纳入能源和非期望产出的排污权交易制度影响效应，并将城市类型划分为资源型城市和老工业基地城市，以检验资源禀赋与城市特征差异性是否影响制度试点效果，在一定程度上拓展了排污权交易制度在不同类型城市的异质性影响研究。

余文结构安排为：第二部分为理论分析与研究假说；第三部分为研究设计；第四部分为实证结果与稳健性检验；第五部分为影响机制验证；第六部分为异质性分析；第七部分为研究结论与政策启示。

第二节　理论分析与研究假说

一　排污权交易制度对能源利用效率的影响机制

排污权交易制度的核心思想是理论上通过设定一个地区的最高污染排放量，并将排污的权利分配给每个企业，治污技术较高的那些企业可将多余的排污权分配额在排污权交易市场上出售给治污成本相对比较高的企业，同时获得相应的收益作为进一步激励减排的动力，通过部分企业治污技术的提高助推总体能源利用效率提升，亦即实质上意味着治污技术较高的企业主要承担了污染治理的职责，然而实践中的排污权交易市场则普遍存在不完全竞争市场的情形，少数企业可能通过购买并储存远超出自身排污配额的排污权以谋取垄断收益或供未来使用，从而引起产品市场产量下降等后果古丽等（Goeree et al., 2010），打造政府合理管制下的接近完全竞争排污权交易市场，成为排污权交易制度提升能源利用效率的重要前提，因此，排污权能否顺利在交易市场进行公开、公平和合理交易取决于市场化总水平、政府与市场关系和要素市场发育度等因素，其中，市场化总水平体现了要素从低效率部门流向高效率部门的便利化程度，且市场化水平与企业生产率呈现正相关关系（张杰等，2011），排污权交易实践中，由于部分地方政府存在顾全经济发展的考虑对域内企业进行"过度干预"，直接影响企业间配额买卖的积极性，表明政府与市场关系的有效协调仍是排污权交易市场机制建立和完善的重点，有研究认为，依托市场和政府的适度干预是提升能源效率的必备路径（师博和沈坤荣，2013），以政府税收、补贴的合理介入并与排污权交易匹配，才能够更好推动排污权交易实施，对要素市场扭曲的消除能够显著提升能源效率（林伯强和杜克锐，2013）。因此，本章提出：

假说1：排污权交易制度通过市场化激发企业减排动力并推动能源利用效率提升。

作为市场型环境规制工具，排污权交易制度将影响企业的资源分配、投资与研发行为阿尔布里齐奥等（Albrizio et al., 2017），已有文献对排污权交易制度能否产生波特效应进行了大量研究和验证，认为排污权交易能够基于技术创新和优化资源配置实现全要素生产率的增长，且将波特效应聚焦于能否激发绿色创新方面凯尔和德赫茨勒普（Calel and Dechezleprêtre, 2016），并支持了排污权交易制度能够诱发绿色发明专利增长为标志的绿色创新活动。排污权交易制度通过创新驱动和绿色创新影响能源利用效率的内在机制主要体现在：①排污权交易将污染外部性内部化，由于企业间能源利用效率存在巨大的异质性（陈钊和陈乔伊，2019），导致能源效率高的企业能够以多余的排污权配额换取收益，进而强化以创新为基础的效率提升或以绿色创新为抓手的污染减排投入动力，最终推动自身能源利用效率进一步提升；②排污权交易制度提高了企业对创新风险收益的预期，意味着弱化了对创新风险的担忧，使得多数企业更加专心于创新投入，进而提升能源利用效率；③排污权交易制度对于治污成本相对较高或能源利用效率较低的企业施加了更为严峻的生存压力，迫使企业注重生产过程的节能减排，进而倒逼企业能源利用效率提升。因此，本章提出：

假说 2：排污权交易制度通过创新驱动与提高绿色创新强度对能源利用效率产生正向影响。

二 排污权交易制度对能源利用效率影响的异质性

资源作为城市发展的重要支撑，有研究对自然资源丰裕度与城市可持续增长的"资源诅咒"假说进行验证（周倩玲和方时姣，2019），纳入环境要素后，资源丰裕度与生态效率之间则存在着非线性关系（杜克锐和张宁，2019），资源禀赋视角下排污权交易制度对能源利用效率的影响异质性主要体现在：（1）丰富的资源标志着工业发展具有显著优势，能够对技术进步和能源利用效率产生正向影响；（2）丰富的资源也可能导致城市过度依赖于低端的资源密集型产业，会在一定程度上阻碍技术进步和能源利用效率提升。

根据 2013 年 11 月《国务院关于印发全国资源型城市可持续发展规划（2013—2020 年）的通知》，资源型城市可划分为成长型、成熟型、衰退型和再生型四类，不同类型资源型城市由于资源禀赋、产业结构特征和环境约束存在较大差异性，企业排污权交易配额与污染治理需求的关系，直接决定了排污权交易制度下污染排放权交易量的多少，进而影响了企业清洁生产技术和能源利用效率提升幅度。成长型资源型城市资源丰裕度最高，提高环境规制强度能够推动产业向高级化发展，而资源禀赋越高的城市的高级化效果将受到一定程度抑制（李虹和邹庆，2018），对于高、中和低资源禀赋城市而言，资源开发所带来的利润与污染治理成本之间的关系，是环境规制对企业清洁生产技术研发和发展战略影响的关键考量（卢硕等，2020）：当资源禀赋较高时（成长型资源型城市），资源开发所带来的利润远远高于环境治理成本，此时资源开发类企业具有大量涌入的动机与环保部门严格监管并存，使得清洁生产技术高的企业率先进入资源型产业，在污染总量控制的排污权交易制度下，进入企业的排污权交易将非常活跃，在位企业排污权交易配额较高，新进入企业要么具有较高清洁生产技术，要么能够轻松获得排污权，表明排污权交易制度对成长型资源型城市能源利用效率的影响程度最大；当资源禀赋较低时（再生型资源型城市），经历了资源枯竭型阶段之后为寻求可持续发展的长效机制而发展出替代产业且通常市场化程度相对较高，使得企业排污权交易配额普遍高于污染治理需求，导致排污权交易量相比成长型资源型城市要少；当资源禀赋中等时（成熟型资源型城市），企业的排污权交易配额逼近污染治理需求，绝大多数企业实现排污权自给；衰退型资源型城市生态环境压力最大，导致排污权配额普遍低于污染治理需求，绝大多数企业将购买排污权，而很少有企业能够出售排污权，表明排污权交易制度无明显影响。因此，本章提出：

假说3：排污权交易制度对资源型城市能源利用效率的提升效果由大到小依次为成长型、再生型、成熟型和衰退型。

工业结构特征对城市生态压力和全要素生产率具有重要影响（殷红等，2020），工业结构对排污权交易制度影响能源利用效率的异质性主要体现在：（1）老工业基地城市产业重型化特征和政府主导程度较高，节能减排形势严峻，能源利用效率相对较低；（2）非老工业基地城市的市场化水平较高、现代产业体系更为完备，能源利用效率相对较高。正如《国家发展和改革委员会关于印发全国老工业基地调整改造规划（2013—2022年）的通知》所指出，从能耗强度来看，老工业基地城市比全国平均水平高出30%；从单位地区生产总值二氧化硫排放来看，老工业基地城市比全国平均水平高出 50%。因此，老工业基地城市相比非老工业基地城市，高能耗高污染的特征更为明显，亦即总体清洁生产技术较低。排污权交易制度的引入，使得具有创新和减排优势的少数企业可以出售排污权，清洁生产技术得到进一步提升，能源利用效率也随之提高；对于清洁生产技术水平较低的多数企业，在污染物总量控制的前提下，排污权交易制度使得企业倾向于购买排污权，由于多数企业清洁生产技术未得到提升或提升幅度小，使得总体能源利用效率仍然偏低。此外，老工业基地城市大多数分布在东北、西北和西南等地区，市场化程度普遍低于位于中东部地区的非老工业基地城市，且经济发展水平也相对中东部地区较低。因此，老工业基地城市排污权交易市场活跃度低于非老工业基地城市。对于非老工业基地城市而言，平均能耗、污染水平低于老工业基地城市，清洁生产技术相对较高，在较活跃的排污权交易市场支持下，多数企业均有动力去提升清洁生产技术和提升能源利用效率。因此，本章提出：

假说 4：排污权交易制度对非老工业基地城市能源利用效率的提升幅度高于老工业基地城市。

第三节　研究设计

一　数据样本

　　财政部、原环境保护部和国家发展和改革委员会于 2007 年批复了天津、河北、山西、内蒙古、江苏、浙江、河南、湖北、湖南、重庆和陕西 11 个省市开展排污权交易制度试点。2007 年 11 月 10 日，国内第一家排污权交易中心在浙江省嘉兴市正式挂牌成立，标志着中国排污权交易制度正式走向制度化、规范化和国际化。本章以 2003—2017 年覆盖全国的 281 个地级市的面板数据为研究样本，将 2008—2017 年设置为排污权交易制度的执行年份，2003—2007 年作为制度出台前的时期。在实验组与对照组的划分上，以实施排污权交易的 11 个省市所辖的地级市为实验组，其余 20 个省市所辖的地级市为对照组。

数据处理方面：①各省能源消费量数据来自国家统计局发布的历年《中国能源统计年鉴》，为方便计算将单位统一为吨标准煤，夜间灯光数据来自于美国国家海洋和大气管理局（National Oceanic and Atmospheric Administration，NOAA），该数据包含了去除背景噪声和干扰之后的各地级市的稳定夜间灯光值，通过拟合灯光数据与省际能源消费量数据发现二者之间存在着显著的正向线性相关性；②对地区生产总值、人均地区生产总值数据以 2003 年为基期进行价格平减，计算城市绿色全要素能源效率的投入产出数据以及一系列控制变量的数据来自历年《中国城市统计年鉴》、同花顺 iFinD 数据库，专利授权总量、绿色发明专利数、发明专利授权量数据来自国家知识产权局官网，市场化总指数、政府与市场关系指数以及要素市场发育度指数来自中国各省区市场化相对进程（樊纲、王小鲁、朱恒鹏，2007，2010；王小鲁、樊纲、余静文，2017；王小鲁、樊纲、胡李鹏，2019）。

二　变量定义和数据描述

本章的主要解释变量为城市单位地区生产总值能耗 [$\ln(ec/gdp)$] 和绿色全要素能源效率（$gtfpe$），前者借鉴吴健生等（2014）的研究并考虑到降尺度模型反演的精度问题，采取不含截距的线性模型将省级能源消费量数据按灯光数据值分解到各地级市，再除以地区生产总值后获得这一变量，须说明的是，采用夜间灯光数据进行变量的模拟测度近年来在经济学研究领域应用非常广泛（范子英等，2016；秦蒙等，2019），基本逻辑是夜间灯光亮度越高，表明夜间经济活动越多，意味着经济发展水平越高，相应的能源消费量也越多；后者则在参考刘常青等（2017）、李小胜和安庆贤（2012）的研究，选取劳动（$labor$）、资本（$capital$）和能源（$energy$）作为投入，地区生产总值（GDP）作为合意产出，工业二氧化硫（SO_2）、工业烟粉尘（$smoke$）和工业废水（$effluents$）排放量作为非期望产出，以松弛值测算-曼奎斯特-卢恩伯格（Slacks Based Measure-Malmquist Luenberger，SBM-ML）指数法测算各地级市的绿色全要素能源效率。

控制变量方面，主要包括人口密度（density），以地级市人口数除以行政区域面积获得，表征城市人类活动规模的差异影响；产业结构（structure），以第二产业增加值占地区生产总值比重衡量，代表总体产业结构特征；工业结构（indgdp），以限额以上工业总产值占地区生产总值比重表示，衡量工业结构特征；人均地区生产总值（pgdp），以全市地区生产总值除以城市年末总人口得到，代表经济发展水平；能源消费总量（energy），运用夜间灯光数据模拟测度得到，代表能源消费规模；二氧化硫排放量（SO_2），代表污染物排放水平；研发创新能力（innova），以发明专利数代表城市的研发创新能力。表 4-1 关于主要变量的描述性统计显示，单位地区生产总值能耗 [ln（ec/gdp）] 均值为 0.1743，标准差 0.8393，最小值 -1.8068，中位数 0.1283，最大值 4.1374，表明在研究的样本期间内单位地区生产总值能耗存在较大差异，并且被解释变量绿色全要素能源效率（gtfpe）也有类似特征，表明各城市的能源利用效率在研究时间区间内存在显著差异，为后续研究排污权交易制度的影响提供了客观基础与切入点。

表 4-1　　　　　　　　　　主要变量的描述性统计表

变量	样本量	均值	标准差	最小值	中位数	最大值
ln（ec/gdp）	4215	0.1743	0.8393	-1.8068	0.1283	4.1374
gtfpe	3934	0.9770	0.4352	0.2405	0.9106	6.3333
SO_2	4215	5.6553	5.7964	0.0002	4.1928	68.3162
smoke	4215	3.2416	11.7329	0.0034	1.9252	516.8812
effluents	4215	0.7326	0.9434	0.0007	0.4661	9.1260
lndensity	4215	5.7097	0.8886	1.6809	5.8309	7.8887
lnindgdp	4215	0.3156	0.6710	-4.0030	0.4189	3.2067
structure	4215	0.4847	0.1109	0.0900	0.4880	0.9097
lnpgdp	4215	8.4593	0.7540	6.0667	8.4648	13.8228
lninnova	4215	3.7177	1.9935	0	3.5553	10.7377

三 识别策略和模型设定

本章运用双重差分法估计排污权交易制度对城市能源利用效率的影响效果。双重差分法是常用的政策效果评估方法，参考王桂军和卢潇潇（2019）的研究，设计模型如下：

$$Y_{it} = \alpha_0 + \alpha_1 \left(treat_{it} \times post_{it} \right) + \beta\, Control_{it} + \gamma_t + \theta_i + Province_j \times Year_t + \varepsilon_{it} \qquad (1)$$

其中，i、t 和 j 分别代替地级市、年份和省份；Y 为被解释变量，包括单位地区生产总值能耗 $[\ln(ec/gdp)]$ 和绿色全要素能源效率（$gtfpe$）；$treat$ 为城市分组变量，排污权交易制度试点城市为 1，非试点城市为 0；$post$ 为时间分组变量，2008—2017 年为 1，2003—2007 年为 0；$Control$ 为控制变量组；γ 为时间固定效应；θ 为不随时间变化的城市固定效应；$Province_j \times Year_t$ 为省份个体时间效应，意在控制各城市随时间变化的不可观测因素对估计结果的影响；ε_{it} 表示随机误差项。因此，通过包含城市个体效应、时间效应和省份效应的三重固定效应模型，并主要观察 $treat$ 和 $post$ 的交互项系数来估计排污权交易制度对城市能源利用效率的因果效应。

第四节 实证结果与稳健性检验

一 能源利用效率变动的时间趋势图分析

图 4-1 和图 4-2 绘制了排污权交易制度试点城市和非试点城市单位地区生产总值能耗和绿色全要素能源效率变化趋势，通过比较实验组城市和对照组城市两项指标的变化趋势以直观反映排污权政策对地区能源利用效率的作用效果。2003—2017 年试点城市和非试点城市的单位生产总值能耗均呈现下降趋势，但在 2012 年之前，试点城市要高于非试点城市。自 2008 年左右开始，二者之间的差距在逐渐缩小，试点城市的单位产值能耗开始加速下降直至 2012 年开始低于非试点城市。2010 年之前，非试点城市的绿色全要素能源效率明显高于试点城市，同样自 2008 年左右开始，试

点城市的绿色全要素能源效率快速增长，最终在 2010 年超过非试点城市，虽然在 2011—2014 年间二者都遭受了短期内的下降，这可能是由于国际金融危机引发的要素利用不足所致，但总的来说试点城市的效率基本稳定在非试点城市之上。通过趋势图本章初步认为，在 2008 年左右试点城市相对于非试点城市的单位地区生产总值能耗下降和绿色全要素能源效率提升很可能是由排污权交易制度诱发的。

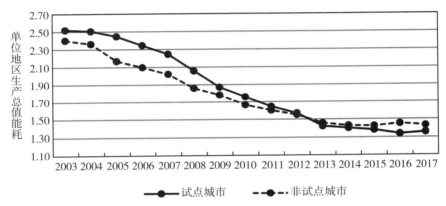

图 4-1　试点和非试点城市单位地区生产总值能耗均值变化

注：横轴表示年份。

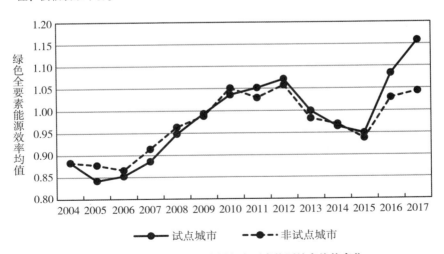

图 4-2　试点和非试点城市绿色全要素能源效率均值变化

注：横轴表示年份。

二 DID 模型回归结果：排污权交易制度与能源利用效率

为了验证由时间趋势图得出的推测，本章使用双重差分法对其进行实证检验。以政策执行年份划分样本期间，通过比较政策执行前和执行后的平均处理效应静态分析制度效果，难以有效确定制度执行对试点城市能源利用效率的历年冲击效应，因此本章还引入了制度执行年份后的动态效应，更加严谨地分析排污权交易制度对单位地区生产总值能耗和绿色全要素能源效率的动态影响，结果如表4-2所示。

从表4-2可以看出，在控制了城市个体效应（$City$）、时间效应（$Year$）和省份效应（$Province \times Year$），并引入了人口密度（$\ln density$）、限额以上工业企业总产值占地区生产总值比重（$\ln indgdp$）和产业结构（$structure$）等控制变量，在执行排污权交易制度之后，相比非试点城市而言，从平均处理效应的 DID 回归结果可以看出，试点城市单位地区生产总值能耗在10%的显著性水平上实现下降效果，绿色全要素能源效率在5%的显著性水平上得到有效提升。

在动态效应分析中，单位地区生产总值能耗下降和绿色全要素能源效率上升在排污权交易制度实施期间总体表现出明显效果：单位地区生产总值能耗方面，2008—2014年，大体表现为制度效果逐年增强态势，2015—2017年基本保持比较稳定的状态；绿色全要素能源效率方面，2008—2012年，大体表现为制度效果逐年增强态势，2013—2017年经历了略微减弱与显著增强过程，并且绝大多数年份的系数显著，印证了排污权交易制度对提升能源利用效率具有持续的积极作用。

表4-2　　　排污权交易制度与能源利用效率：DID 模型回归结果

	平均处理效应		动态效应	
	$\ln(ec/gdp)$	$gtfpe$	$\ln(ec/gdp)$	$gtfpe$
$treat \times post$	−0.1701* (0.0925)	0.9340** (0.4599)		

续表

	平均处理效应		动态效应	
	ln（ec/gdp）	gtfpe	ln（ec/gdp）	gtfpe
treat ×year2008			−0.1414** (0.0638)	0.1001** (0.0435)
treat ×year2009			−0.1480* (0.0780)	0.1122* (0.0586)
treat ×year2010			−0.1144** (0.0561)	0.0900 (0.0965)
treat ×year2011			−0.1506*** (0.0521)	0.1944** (0.0791)
treat ×year2012			−0.1690*** (0.0583)	0.2908*** (0.0970)
treat ×year2013			−0.2071*** (0.0639)	0.2283** (0.1070)
treat ×year2014			−0.2153*** (0.0731)	0.2109* (0.1110)
treat ×year2015			−0.1775** (0.0869)	0.1981* (0.1191)
treat ×year2016			−0.1342 (0.1024)	0.1185 (0.1903)
treat ×year2017			−0.1701* (0.0925)	0.9340** (0.4599)
cons	2.5679*** (0.5830)	−1.9582* (1.1736)	2.5679*** (0.5830)	−1.9582* (1.1736)
Control	是	是	是	是
Year	是	是	是	是
City	是	是	是	是
Province×Year	是	是	是	是
N	4215	3934	4215	3934
Adj−R²	0.8219	0.4385	0.8219	0.4385

注：括号内的数值为标准误，***、**、*分别表示在1%、5%、10%的显著性水平上显著，下同。

三　DID 模型适用的前提条件：平行趋势检验

使用双重差分法的重要前提是实验组和对照组满足平行趋势假定，亦即排污权交易制度试点实施之前，单位地区生产总值能耗和绿色全要素能源效率均保持相对稳定的变动趋势，虽然从前文中可以看出两个主要被解释变量在政策执行前的变化趋势基本平行，但为了更为严谨地确保本章的研究满足这一基本假设，须采用更为具体的实证检验方法。具体而言，以排污权交易制度试点年份 2008 年为基准年，对这一基准年的前 3 年和后 3 年及以上年份的被解释变量单独进行同主回归一致的普通最小二乘法——双重差分（Ordinary Least Square-Differences in Differences，OLS—DID）回归，回归结果显示单位地区生产总值能耗和绿色全要素能源效率在排污权交易制度试点前的三年 *treat* ×*post* 系数均不显著，且回归系数均在 0 值附近，表明 2008 年之前试点城市和非试点城市不存在显著差异，满足平行趋势假定。进一步地，从图 4-3 关于平行趋势检验的动态效应看，单位地区生产总值能耗在基准年之后迅速下降且由制度试点前的正系数转为负系数，说明排污权交易制度对单位地区生产总值能耗的影响显著为负，但绿色全要素能源效率在第 3 年以后（2011 年以后）才呈现出显著的提升态势，表明排污权交易制度对绿色全要素能源效率的影响存在约 3 年左右的时滞。

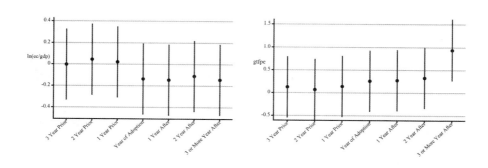

（a）单位GDP能耗动态效应　　　（b）绿色全要素能源效率动态效应

图 4-3　平行趋势检验

注：X 轴代表排污权交易制度实施前后的时间，Year of Adoption 表示排污权交易制度实施当年，前 3 年用 Prior 表示，后 3 年及以上用 After 表示。

四 剔除能源政策的影响

从中国的实践来看，基本上是在同步推进"节能"与"减排"，亦即在排污权交易制度作为一种环境政策被试点推动过程中，还实施了许多其他以提升能源效率为目的的能源政策，且这些能源政策很可能具有地区上的异质性，这一点可从节能减排综合工作方案的发布中看出，"节能"与"减排"二者通常纳入同一个文件发布，导致能源结构调整政策、节能政策和减排政策同时实施。因此，在考察排污权交易制度对能源利用效率的影响时，须优先剔除包括能源结构调整政策和节能政策在内的能源政策的影响。能源结构调整方面，主要包括传统能源转型和新能源发展两个方面，由于中国能源生产消费结构长期以煤炭为主，传统能源结构调整政策主要集中在煤炭消费大省；西部一些省份在发展太阳能、风能等新能源方面具有显著的优势，意味着新能源发展的扶持政策主要集中在西部一些省份。节能政策方面，自 2009 年 1 月财政部和科技部发布《关于开展节能与新能源汽车示范推广试点工作的通知》以来，全国分三批次共有 26 个城市入选节能与新能源汽车试点城市（2009 年第一批 13 个城市、2010 年第二批 7 个城市和 2013 年第三批 6 个城市），主要涉及节能与新能源汽车购置的财政补贴政策；自 2011 年 6 月财政部与国家发展和改革委员会决定在部分城市开展第一批节能减排财政政策综合示范以来，全国分三批次共有 30 个城市入选试点城市（2011 年第一批 8 个城市、2013 年第二批 10 个城市和 2014 年第三批 12 个城市），主要涉及财政资金支持政策。基于以上两方面的考虑，本章尝试将煤炭消费大省（河北、山西、内蒙古、江苏、山东、河南和陕西）、西部一些省份（云南、宁夏、甘肃、青海和新疆）下辖的地级市、节能与新能源汽车试点城市和节能减排财政政策综合示范城市（海东市数据缺失）的样本一并剔除，以尽可能剥离掉能源结构调整政策和节能政策在内的能源政策对能源利用效率的影响，具体估计结果（表 4-3）显示，在控制了能源结构调整政策和节能政策影响后，排污权交易制度在 1% 的显著性水平上显著降低了单位地区生产总值能耗和提高了绿色全要素能源效率，意味着排污权交易制度对能源利用效率具有正向推动作用的结论具有稳健性。

表4-3　　　　排污权交易制度与能源利用效率：剔除能源政策的影响

	ln（ec/gdp）	gtfpe
treat ×post	−0. 6995***	0. 4348***
	（0. 0539）	（0. 1051）
cons	1. 3099***	−0. 7505
	（0. 2366）	（0. 7176）
Control	是	是
Year	否	否
City	是	是
Province×Year	是	是
N	1926	1672
Adj-R²	0. 8370	0. 6551

五　克服内生性问题：工具变量法

差分法通过实验组和对照组的对比能够巧妙地克服内生性问题，但这一前提是选择排污权交易制度试点城市时应当在所有地级市中随机进行，显然现实情况可能并非如此，排污政策试点城市的选择可能受到其他潜在因素影响而对差分法的估计结果产生干扰，影响结果的准确性。因此，本章借鉴蔡熙乾等（Cai et al.，2016）的研究进一步使用工具变量法以尽可能克服内生性的影响。工具变量的选择需要满足与内生变量相关而与随机扰动项不相关的两个条件，具体而言，参照赫林和蓬切特（Hering and Poncet，2014）的做法，选择空气流通系数作为是否纳入排污权交易制度试点城市的工具变量，原因有二：①在污染物排放总量一定时，空气流通系数越小的城市，污染物监测浓度越大，倾向于采取更为严格的环境规制，入选排污权交易制度试点城市概率越大，符合工具变量的相关性假设，由于地方政府存在追求绿色GDP的政绩考核诉求，命令型环境规制工具在较大程度上会损害经济增长，充分发挥企业治污的内生动力是地方政府普遍追求的目标，而排污权交易恰好是不增加政府环保投入且不损害经济增长情形下，满足对企业发挥治污主观能动性的唯一最优激励方式，亦即在污染物排放总量一定时，空气流通系数只能够通过影响环境规制强度进而在污染物排放总量控制的前提下以排污权交易制度去激发清洁生产技术高的企业出售富余排污权，并同时产生进一步提高清洁生产技术的内在动力，而清洁生产技术低的企业暂时购买排污权并倒逼其在长期注重清洁生产技术提升，进而提高总体企业的清洁生产技术，最终带动总体能源利用效率提升，亦即污染物排放总量相同的城市将产生"空气流通系数小→污染物浓度高→更为严格的环境规制→地方政府绿色 GDP 政绩考核→企业治污内生动力→污染物总量控制→排污权交易→总体清洁生产技术水平提高→能源利用效率提升"的唯一影响路径，因此，空气流通系数作为工具变量，同时满足排他性约束；②空气流通系数由气象和地理条件所决定，同时能够符合工具变量的外生性假设。空气流通系数是基于中国城市纬度与经度匹配欧洲中期天气预报中心 ERA 数据集的十米高度和边界层高度的风速信息，每个单元风速和边界层高度的乘积即为空气流通系数值，本章使用的空气流通系数是 2003—2017 年 281 个样本城市年均系数的自然对数。

工具变量估计结果如表 4-4 所示，iv 为工具变量，代表样本城市空气流通系数年均值的自然对数。第一阶段回归中，工具变量与时间变量的交互项 $iv \times post$ 系数均显著，且 F 值均大于 10，表明工具变量满足相关性条件；第二阶段回归中，处理变量和时间变量的交互项 $treat \times post$ 依旧显著，且对被解释变量单位地区生产总值能耗和绿色全要素能源效率的作用方向同基准回归一致，说明消除实验组城市选择中的内生性问题之后排污权交易制度仍然可以显著降低单位地区生产总值能耗和提高绿色全要素能源效率，表明 DID 模型的回归结果不是由样本选择的偏差所导致的。

表4-4   排污权交易制度与能源利用效率：工具变量估计

	第一阶段回归		第二阶段回归	
	treat ×post (1)	*treat ×post* (2)	ln（*ec/gdp*) (1)	*gtfpe* (2)
iv ×post	-0.0479* (0.0268)	0.0520*** (0.0017)		
treat ×post			-1.1035* (0.6672)	0.1496*** (0.0370)
cons	0.9231*** (0.3148)	0.5752 (0.3548)	3.1751*** (0.7036)	-1.7408*** (0.3866)
Control	是	是	是	是
Year	是	否	是	否
City	是	是	是	是
N	4215	3934	4215	3934
Adj-R²	0.3883	0.3910	0.0025	0.1725
第一阶段 F 值	27.60	30.51		

六　稳健性检验

1. 安慰剂检验。为进一步排除其他未知因素对试点城市选择的影响，

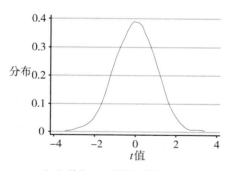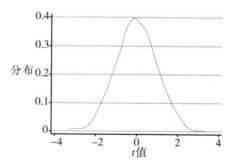

（a）单位GDP能耗：带宽=0.2246　　　　　（b）绿色全要素能源效率：带宽=0.2212

图4-4　安慰剂检验

注：X 轴代表基于 1000 个随机抽取 108 个城市作为虚拟实验组所估计得出的 treat ×post 系数的 t 值，Y 轴代表其相应的 p 值，曲线代表核密度估计的 t 值分布，安慰剂检验采用 Stata15.1 软件编程运行得到。

确保本章所得研究结论是由排污权交易制度所引致的，需要进行安慰剂检验。安慰剂检验通过在所有样本中随即挑选若干次虚拟实验组进行同基准回归一致的回归为原始研究结论提供稳健性保证。具体而言，本章在所有 281 个地级市中进行了 1000 次抽样，每次抽样随机选出 108 个城市作为虚拟实验组，其余 173 个城市作为对照组按模型（1）进行回归，两个被解释变量的核密度分布（图 4-4）显示，绝大多数抽样估计系数的 t 值的绝对值都在 2 以内，且 p 值都在 0.1 以上，说明排污权交易制度在这些 1000 次的随机抽样中均没有显著效果。因此，本章所得结论可以通过安慰剂检验，排污权交易制度对试点城市能源利用效率的影响与其他未知因素的因果关系不大。

　　2. 动态时间窗与反事实检验。（1）进行动态时间窗检验，前文已经分析了排污权交易制度对能源利用效率的动态效应，但只是重点关注了政策出台之后的冲击效应，未与政策出台前做充分对比。因此，借鉴董艳梅和朱英明（2016）的研究方法，通过改变排污权交易制度出台前后时间窗宽的方法检验不同时间段内能源利用效率的差异。具体而言，以 2008 年为制度出台的时间节点，分别选取 1 年、2 年、3 年和 4 年为窗宽进行动态时间窗检验，检验结果（表 4-5）显示，改变时间窗宽度并没有改变排污权交易制度对两个主要被解释变量的影响方向，且随着时间窗宽度的增加，单位地区生产总值能耗基本呈现下降趋势和绿色全要素能源效率呈现上升趋势，而且显著性水平不断提升，说明前文所得结论是稳健的。（2）进行反事实检验，使用双重差分法的前提是实验组和控制组具备可比性，即如果没有排污权交易制度，实验组与控制组城市能源利用效率不会随时间变化产生显著差异。为了验证这一前提，借鉴洪明义（Hung et al.，2013）的研究，将其中的 2005 年和 2006 年作为假设的制度开始实施时间，进行同基准回归一致的检验。反事实检验结果（表 4-5）显示，将制度试点时间提前至 2005 年或 2006 年，制度试点效果的关键交互项 treat ×post 的系数均不显著，表明在基准年份 2008 年以前，排污权交易制度对实验组和对照组的能源利用效率没有显著影响，意味着实际制度试点年份确实能够显著提升能源利用效率，前文结论具有较强的稳健性。

表 4-5 改变排污权交易制度观测窗宽的稳健性检验结果

		动态时间窗检验				反事实检验		样本量
		1 年	2 年	3 年	4 年	2005	2006	
	样本量	843	1405	1967	2529			
因变量	$\ln(ec/gdp)$	-0.1658^{**} (0.0757)	-0.1305^{**} (0.0530)	-0.1738^{***} (0.0488)	-0.1955^{***} (0.0537)	0.0206 (0.1180)	0.0230 (0.0772)	1405
	$gtfpe$	0.1350^{**} (0.0609)	0.1898^{*} (0.0979)	0.3054^{***} (0.0678)	0.4509^{***} (0.0840)	0.1405 (0.1331)	0.0156 (0.0798)	1124

注：小括号内为标准误，***、**和*分别表示在 1%、5%和 10%的显著性水平上显著。

3. PSM-DID 估计。DID 方法容易存在"选择性偏差"，即无法确保实验组和对照组在政策执行前具备相同的个体特征，这在大样本含量情形下较为常见。本章的样本涵盖了全国范围内的 281 个地级市，样本间地域、经济差异极大，显然存在较大的个体差异，因此，利用倾向得分匹配法（PSM）以控制变量为样本点的识别特征，对实验组和控制组的城市进行匹配。随后对匹配后的结果进一步使用差分法进行回归，PSM-DID 模型回归结果（表 4-6）显示，排污权交易制度仍然显著降低了单位地区生产总值能耗并提升了试点城市绿色全要素能源效率，表明本章所得结论仍具有稳健性。

表 4-6 排污权交易制度与能源利用效率：PSM-DID 模型估计

	$\ln(ec/gdp)$	$gtfpe$
$treat \times post$	-0.1978^{**} (0.0800)	1.1582^{**} (0.5358)
$cons$	3.2486^{***} (0.5802)	-0.6935 (0.8350)
$Control$	是	是
$Year$	是	是
$City$	是	是
$Province \times Year$	是	是
N	3874	3283
Adj-R^2	0.8245	0.4393

4. 剔除其他政策的干扰。2013 年发布了《国务院关于印发全国资源型城市可持续发展规划（2013—2020 年）的通知》和《国家发展改革委关于印发全国老工业基地调整改造规划（2013—2022）的通知》，已有研究表明与非资源型城市相比，过去数年内资源型城市面临剧烈的产业结构转型升级，诸多环境规制手段都从不同角度激励了资源利用效率的提升。老工业基地城市也类似，这些政策共同推动了地区单位产值能耗的降低和绿色全要素能源效率的提升。而排污权交易制度是中国环境规制手段由行政命令型向市场化转型的重要标志，为了准确识别这一制度的效果，需要排除其他类似政策的干扰。因此，本章剔除了 2013—2017 年的数据，因为从 2013 年开始推出了资源型城市可持续发展规划和老工业基地调整改造规划，剔除其他政策干扰后的回归结果（表 4-7）显示，两个主要被解释变量的交叉项 $treat \times post$ 系数都在 1% 的水平上显著，且排污权交易制度对两个变量的影响方向未发生改变，表明在排除了其他政策干扰后本章的结论依然稳健。

表 4-7   稳健性检验：剔除其他政策的干扰

	$\ln (ec/gdp)$	$gtfpe$
$treat \times post$	-0.1704 *** (0.0629)	0.5898 *** (0.0947)
$cons$	2.7965 *** (0.6587)	2.4198 (1.8660)
$Control$	是	是
$Year$	是	是
$City$	是	是
$Province \times Year$	是	是
N	2810	2529
Adj-R^2	0.7050	0.4337

5. 三重差分法。在排除上述两个重点干扰政策之后，对于其他若干未考虑到的政策是否对实证结果有影响仍有疑虑。例如，2011 年开始在北京、天津、上海、重庆等重点城市试点的碳排放权交易政策就可能对当地

的能耗和效率产生同排污权交易类似的影响。为了进一步排除这些可能的干扰，本章参考范子英和彭飞（2017）的做法，选取三重差分法来克服这一问题，具体而言，将一些重点排污权交易制度的试点城市如老工业基地城市、资源型城市、省会城市和本省的第二大城市设置为新的处理变量ddd，并将2008年及以后赋值为1，其余全部为0。利用三重差分法控制这些重点城市能将其他一些未能纳入考虑的政策进一步排除，从而得到排污权交易制度的净影响，三重差分模型估计结果（表4-8）显示，在排除这些因素之后，排污权交易制度仍能显著降低试点城市单位地区生产总值能耗和提升绿色全要素能源效率，再次表明前文的研究结论是高度稳健的。基于上述DID模型估计与一系列的稳健性检验结果，均有效支持了排污权交易制度能够提升能源利用效率的结论（研究假说1和研究假说2）。

表4-8　　　　排污权交易制度与能源利用效率：三重差分模型估计

	$\ln(ec/gdp)$	lngtfpe
ddd	−0.0659** (0.0330)	0.0619** (0.0265)
cons	2.5121*** (0.5814)	−2.6530*** (0.8808)
Control	是	是
Year	是	是
City	是	是
Province×Year	是	是
N	4215	3934
Adj-R^2	0.8231	0.4578

第五节　影响机制验证：市场化与绿色创新视角

前文双重差分模型估计结果与一系列稳健性检验证实了排污权交易制度能够显著降低单位地区生产总值能耗和提高绿色全要素能源效率，那么是如何实现这种效应的呢？这就需要对其内在的影响机制进行深入挖掘。在第二节的理论分析与研究假说，已经得出排污权交易制度能够通过市场化、创新驱动和绿色创新等途径提升能源利用效率的理论假说。作为伴随着市场化改革而进行试点的排污权交易制度最显著的特征是受到市场化水平影响的环境规制工具，中国各地区市场化进程表现出了明显的区域差异，这就引发思考以下问题：排污权交易制度对能源利用效率的影响效应是否随着市场化水平约束和创新强度而具有差异性？那么市场化水平和创新强度是否确实影响排污权交易制度对能源利用效率的提升作用？本部分将对此进行分类考察。

　　由于本章将能源利用效率分为以单位地区生产总值能耗衡量的单要素能源效率和以包含非期望产出的绿色全要素能源效率，且市场化指数的唯一权威数据来源是省区层面，因此，本章以中国各省区市场化相对进程系列测算报告为依据，分别选取市场化总指数、政府与市场关系指数和要素市场发育指数的自然对数作为衡量市场化水平的代理变量，在模型构建方面，主要参考了范子英和彭飞（2017）、王桂军和卢潇潇（2019）的做法，将影响能源利用效率的市场化水平变量嵌入到式（1）基准模型进行影响机制的显著性考察，模型设定为：

$$Y_{it}=\alpha_0+\alpha_1\left(treat_{it}\times post_{it}\times Moderator_{it}\right)+\alpha_2\left(treat_{it}\times post_{it}\right)+\alpha_3 Moderator_{it}$$
$$+\beta\,Control_{it}+\gamma_t+\theta_i+Province_j\times Year_t+\varepsilon_{it} \tag{2}$$

　　式（2）中，Y 是代表能源利用效率的单位地区生产总值能耗或绿色全要素能源效率，$Moderator$ 是代表调节变量，此处指的是市场化总水平、政府与市场关系水平、要素市场发育水平或专利授权总量、绿色创新强度，主要关注的是交互项 $treat\times post\times Moderator$ 的系数显著性，其他变量定义与式（1）一致。

　　表4-9列出了影响机制验证的结果，可以发现，单位地区生产总值能耗方面，排污权交易制度对单位地区生产总值能耗的降低效果受到市场化程度的显著影响，市场化总水平、政府与市场关系和要素市场发育度的提

高均可以显著降低单位地区生产总值能耗，且政府与市场关系的改善更有利于排污权交易制度降低单位地区生产总值的效果提升，该结论反驳了国外部分学者关于中国市场化改革成效的质疑（Allen et al.，2005），同时印证了要素市场扭曲降低能源利用效率的观点（林伯强和杜克锐，2013）和市场化进程提高有利于改善能源效率的观点（盛鹏飞，2015），因此，研究假说 1 得到验证。绿色全要素能源效率方面，代表地级市总体创新水平的专利授权总量的系数在 10% 的显著性水平上显著为正，表明排污权交易制度可通过地级市总体创新能力提高而推动绿色全要素能源效率提升；由于部分地级市部分年份无绿色发明专利，本章采用绿色创新强度指标验证排污权交易制度是否诱发"波特效应"，计算公式为绿色创新强度＝绿色发明专利数/发明专利授权量，基于绿色创新强度的调节效应模型回归可以看出，绿色创新强度的系数在 1% 的显著性水平上显著为正，意味着排污权交易制度的实施产生了明显的"波特效应"，通过绿色创新强度的提高显著提升了绿色全要素能源效率。因此，总体来看，排污权交易制度对绿色全要素能源效率的提升主要是通过绿色创新强度提升得以实现，研究假说 2 得到验证。

表 4-9　　　　　　　　　　影响机制验证：市场化与绿色创新视角

	ln（ec/gdp）			gtfpe	
	市场化总指数（取对数）	政府与市场（取对数）	要素市场发育（取对数）	专利授权总量（取对数）	绿色创新强度（绿色发明专利占比）
$treat \times post \times Moderator_i$	-0.0430^{***}	-0.0792^{***}	-0.0282^{*}	0.0058^{*}	0.3845^{***}
	（0.0136）	（0.0139）	（0.0168）	（0.0033）	（0.1185）
$Moderator_i$	-2.0097^{***}	-2.0558^{***}	-0.7146^{***}		
	（0.0535）	（0.0697）	（0.0397）		
$cons$	1.4426^{***}	2.1735^{***}	-0.6859^{***}	0.2223	0.2410
	（0.1537）	（0.1801）	（0.1470）	（0.1635）	（0.1626）
$Control$	是	是	是	是	是
$Year$	是	是	是	是	是
$City$	是	是	是	是	是

	ln（ec/gdp）			gtfpe	
	市场化总指数（取对数）	政府与市场（取对数）	要素市场发育（取对数）	专利授权总量（取对数）	绿色创新强度（绿色发明专利占比）
Province×Year	否	否	否	否	否
N	4215	4215	4215	3934	3934
Adj-R²	0.3152	0.2667	0.1847	0.1597	0.1615

注："是"表示加入了相应的变量，"否"表示未加入相应的变量，下同。

第六节 异质性分析：资源禀赋与工业特征

一 不同类型资源型城市的异质性影响

能源作为一种重要的战略性资源，其利用效率受到资源禀赋动态变化的影响，大多数资源型城市全要素能源效率处于非效率状态，且不同类型资源型城市差异显著。《国务院关于印发全国资源型城市可持续发展规划（2013—2020 年）的通知》确立了 262 个资源型城市、县级市或市辖区，根据资源丰裕度划分为成长型、成熟型、衰退型和再生型等四类资源型城市。表 4-10 和表 4-11 分别从单位地区生产总值能耗和绿色全要素能源效率视角报告了排污权交易制度对不同类型资源型城市的异质性影响效应，须说明的是，单位地区生产总值能耗属于单要素能源利用效率，而绿色全要素能源效率属于涵盖了劳动力、资本、能源、合意产出和非期望产出的多要素能源利用效率，因此，排污权交易制度对二者的影响程度具有一定差异性。

单位地区生产总值能耗方面，排污权交易制度对衰退型资源型城市降低单位地区生产总值能耗的效果最大，对成熟型资源型城市的影响效果较小，而对成长型和再生型资源型城市降低能耗的影响不显著，可能的原因在于衰退型资源型城市资源日益减少，企业使用能源成本逐渐提高，由于利润最大化的目标约束，多数企业将注重对能源消费的节约或强化对能源利用技术的研发投入，鉴于企业之间客观存在技术差异性，在能源资源成本约束下，多数企业具有较强的动力去提升能源利用技术，伴随着能源利用技术的普遍提升，企业污染排放水平通常都得到下降，若能源利用技术存在企业间差异，衰退型资源型城市中能源利用技术高的企业通过出售排污权使得具有更多的利益激励去加强能源利用技术的研发投入，且由于行业总体能源利用技术的提升，能源利用技术低的企业也将由于技术溢出效应实现能源利用效率改善，因此，排污权交易制度对于降低单位地区生产总值能耗的效果最为明显；成熟型资源型城市能源资源丰裕度较高，使用能源成本较低，能源利用效率高和低的企业参与排污权交易的动力比衰退型资源型城市较弱，因此，排污权交易制度对成熟型资源型城市降低单位地区生产总值能耗的效果要略低于衰退型城市；成长型资源型城市由于资源储量最高，使用能源成本最低，能源利用效率高和低的企业均有能力去开采使用较多的能源，且由于环保压力相对较小，企业参与排污权交易的积极性较弱，因此排污权交易对成长型资源型城市单位地区生产总值能耗的影响不显著；再生型资源型城市则将主要精力放在依靠能源利用技术提升或发展新能源来应对资源枯竭后的生态压力挑战，使得排污权交易制度本身的效应不够显著。

绿色全要素能源效率方面，排污权交易制度对成长型资源型城市绿色全要素能源效率的提升效应最为明显，随后是再生型和成熟型，对衰退型影响不显著。可能的原因在于成长型资源型城市能源开采程度较低，环保压力较小，同时劳动力和资本呈现净流入状态，使得能源开采和全要素能源效率大都呈现提高趋势，而成长型资源型城市作为国家重要的能源储备基地，很可能给予更为严格的环保准入门槛，一旦新进入企业清洁生产技术存在差异，那么能源利用效率高和低的企业就会迅速进行排污权交易，使得总体能源利用效率明显上升，亦即排污权交易制度对成长型资源型城市绿色全要素能源效率的提升效果最大；再生型资源型城市在经历了高污染和高能耗的发展阶段之后，更加认识到清洁生产技术和能源利用效率提升的重要性，主要依托能源利用技术进步或发展新能源，由于新能源属于新兴产业，企业间技术存在着较大的个体差异，很可能形成技术高的企业与技术低的企业之间进行排污权交易，从而显著提升总体能源利用效率，由于再生型资源型城市劳动和资本积累相对成长型较慢，所以再生型资源型城市排污权交易市场活跃度略低于成长型，使得提升绿色全要素能源效率的效果要低于成长型；成熟型资源型城市的能源利用与污染排放相对比较稳定，劳动力、资本等要素可能更多地配置在资源型行业，企业间技术差异相对较小，导致排污权交易制度对提升绿色全要素能源效率的影响不显著；衰退型资源型城市逐渐呈现出枯竭的趋势，各类企业生产成本提高，且劳动力和资本呈现外流趋势，导致清洁生产技术投入普遍较低，排污权交易市场很可能处于停滞状态，因此，排污权交易制度对衰退型资源型城市绿色全要素能源效率无明显影响。因此，研究假说3得到验证。

表 4-10　　　城市能源利用效率影响异质性：单位 GDP 能耗视角

	ln（ec/gdp）				
	所有 资源型城市	成长型 资源型城市	成熟型 资源型城市	衰退型 资源型城市	再生型 资源型城市
treat * post	-0.0821** (0.0385)	-0.0072 (0.1537)	-0.1032** (0.0450)	-0.3989* (0.2305)	-0.0510 (0.0681)
cons	2.5789*** (0.8017)	-2.1613 (3.7627)	2.0831 (2.1467)	3.1361*** (0.6114)	1.6456** (0.6429)
Control	是	是	是	是	是
Year	是	是	是	是	是
City	是	是	是	是	是
Province×Year	否	否	否	是	否
N	1329	195	930	345	225
Adj-R²	0.6491	0.6806	0.6487	0.9493	0.7497

表4-11 城市能源利用效率影响异质性：绿色全要素能源效率视角

	gtfpe				
	所有资源型城市	成长型资源型城市	成熟型资源型城市	衰退型资源型城市	再生型资源型城市
treat * post	0.0977*** (0.0348)	0.5974*** (0.1829)	0.0786* (0.0438)	0.0162 (0.0776)	0.1452*** (0.0542)
cons	−1.4208*** (0.2828)	−0.2362 (0.9051)	−0.9305*** (0.2760)	−2.7399*** (0.5321)	−1.3256*** (0.3296)
Control	是	是	是	是	是
Year	是	是	是	是	是
City	是	是	是	是	是
Province×Year	否	否	否	否	否
N	1582	182	868	322	210
Adj-R²	0.2472	0.4825	0.1537	0.4624	0.5554

二 老工业基地城市与非老工业基地城市的异质性影响

《国家发展和改革委员会关于印发全国老工业基地调整改造规划（2013—2022年）的通知》确定了120个老工业基地城市或省会城市市辖区，其中，部分老工业基地是国家重要的能源基地，且通常承担了重大技术装备或者关乎国计民生的产品供给，老工业基地总体上存在着高能耗高污染的显著特征，对于老工业基地城市能源利用效率提升形成严重制约。作为市场化的排污权交易制度对于老工业基地城市能源利用效率能否起到显著提升效果，事关老工业基地高质量发展。基于数据可得性考虑，将老工业基地地级市位于排污权交易制度试点省市的城市作为实验组，其余省市的老工业基地城市作为对照组，就排污权交易制度对老工业基地城市能源利用效率的影响进行准自然实验；为探讨工业基地城市能源利用效率的差异，还将位于排污权交易制度试点省市的非老工业基地城市作为实验组，其余省市的非老工业基地城市作为对照组，研究排污权交易制度对非老工业基地城市能源利用效率的影响。

从表4-12关于工业基地类型视角的检验结果可以看出，排污权交易制度对老工业基地城市单位地区生产总值能耗的影响在1%的显著性水平上显著为负，对非老工业基地单位地区生产总值能耗的负向影响在5%的显著性水平上显著，且前者低于后者，表明排污权交易制度在单要素能源效率提升方面对非老工业基地城市的影响效应更大，可能的原因在于老工业基地能耗强度较高，短期内的下降空间有限，排污权交易制度使得生产重大技术装备的企业拥有资金投向节能技术研发的激励，但由于生产技术的路径依赖，使得单位地区生产总值能耗下降幅度较低；从绿色全要素能源效率的视角来看，排污权交易制度对老工业基地城市和非老工业基地城市的影响均显著为正，显著性分别为10%和5%，且对非老工业基地城市影响的系数更大，可能的原因在于非老工业基地大多为经济较为发达的市场化程度较高的城市，对环境质量诉求更多，参与排污权交易的积极性更高，最终形成了较高的绿色全要素能源效率的提升效果。因此，研究假说4得到验证。

表4-12　　　　　城市能源利用效率影响异质性：工业基地类型视角

	ln（ec/gdp）		gtfpe	
	老工业基地城市	非老工业基地城市	老工业基地城市	非老工业基地城市
$treat^* post$	−0.2476***	−0.4775**	0.3848*	1.3869**
	（0.0602）	（0.1912）	（0.2311）	（0.6379）
cons	2.5593***	2.2405***	−1.9548***	−0.5592
	（0.8204）	（0.7074）	（0.6376）	（1.0717）
Control	是	是	是	是
Year	是	是	是	是
City	是	是	是	是
Province×Year	是	是	是	是
N	982	2395	1330	2604
Adj-R²	0.9051	0.8047	0.5913	0.4722

第七节　本章小结

一　研究结论

本章将能源利用效率划分为单位地区生产总值能耗和绿色全要素能源效率，以 2003—2017 年 281 个地级及以上城市为研究样本，运用双重差分模型就排污权制度对两类能源利用效率的影响进行了全面细致研究，主要结论如下：（1）在经过平行趋势检验、工具变量法、动态时间窗检验和反事实检验、实验组随机抽样模拟检验、剔除其他政策影响、三重差分法和倾向得分匹配法等一系列稳健性检验以后，研究发现排污权交易制度显著降低了单位地区生产总值能耗和提高了绿色全要素能源效率；（2）对市场化总水平、政府与市场关系水平和要素市场发育水平等调节变量对单位地区生产总值能耗的影响进行了计量验证，并从创新驱动视角就排污权交易制度对绿色全要素能源效率的调节效应进行考察，研究发现排污权交易制度通过激励研发创新尤其是通过绿色创新强度显著提高了绿色全要素能源效率；（3）异质性分析发现，排污权交易制度总体上有利于资源型城市两类能源利用效率的提升，且对衰退型资源型城市单位地区生产总值能耗的降低效果最为明显，成熟型次之，对成长型和再生型的影响不显著；绿色全要素能源效率方面，排污权交易制度的能源提升效果由大到小依次为成长型、再生型和成熟型，对衰退型的影响不显著；（4）排污权交易制度均有助于降低单位地区生产总值能耗和提升绿色全要素能源效率，且对降低非老工业基地城市单位地区生产总值能耗的效果和提升非老工业基地绿色全要素能源效率的效果更明显。

二　政策启示

本章从能源利用效率的新视角就排污权交易制度影响进行了细致深入分析，并对市场化水平与创新驱动等内在作用机制、资源型城市和老工业基地城市的异质性进行了挖掘和讨论，为进一步提升排污权交易制度的节能降耗和绿色发展效应提供了针对性的实证依据和政策参考：

1. 排污权交易制度实施的市场化条件打造方面，排污权交易制度应紧跟市场化改革潮流，充分发挥排污权交易制度的市场化属性，为排污权交易主体提供良好的市场交易平台、中介组织和法律支持，尤其是处理好政府与市场在排污权交易制度实施过程中的协同效应，政府不得干预排污权交易制度的实施，强化排污权交易的企业市场主体的决定性作用，政府可提供必要的排污权交易市场监管，特别是注重跨区域的排污权交易制度设计，同时营造良好的营商环境，为排污权交易制度提升能源利用效率提供充分的要素市场流动性，鼓励社会资本参与排污权交易，并发挥行业协会对企业参与排污权交易意愿的支持作用。

2. 排污权交易制度对研发创新的内在驱动机制设计方面，能源利用效率提升关键环节是打造以企业为主导的研发创新体系，对于以煤炭为能源主体消费结构的城市而言，应突出创新基金对于清洁煤利用技术的研发投入或技术引进，加快能源行业供给侧改革，逐步降低煤炭消费占能源消费的比重；对于可再生能源发展较有优势的城市，可综合运用支持新兴产业发展的财税、金融政策，为可再生能源发电行业提供必要的政策扶持，从而充分利用研发创新渠道促进排污权交易制度对能源利用效率提升的根源性助推效应。

3. 排污权交易制度对绿色创新强度的激励模式方面，①各地区在排污权配额分配时可重点考虑企业之间绿色创新强度的差异，具备较高绿色创新强度的企业可适当增加排污权分配额度，以此激发企业投入更多的绿色创新资源去提升清洁生产技术，实现自身能源利用效率的快速提升；②须结合城市自身产业特征和要素禀赋，重点发展高新技术产业，着力摆脱经济发展对高耗能高污染行业的依赖，进而实现降低能耗和绿色全要素能源效率提升的目标。

4. 排污权交易制度对不同类型资源型城市影响方面，针对资源型城市可持续发展的目标要求，分别在动态评估资源型城市类型变迁的基础上，分别对成长型、成熟型、衰退型和再生型资源型城市的能源利用效率的提升进行针对性政策调整优化，加大排污权交易制度在衰退型和成熟型资源型城市的实施力度以大幅降低单位地区生产总值能耗；绿色全要素能源效率方面，加强排污权交易制度对成长型和再生型资源型城市创新激励效应，强化对成熟型和衰退型资源型城市转型升级支持力度，最终实现最大化排污权交易在提升绿色全要素能源效率方面的制度红利。

5. 老工业基地城市调整改造方面，着重利用排污权交易制度渗透到以重化工业、国有企业比重较高、高污染高能耗的老工业基地城市调整改造进程中，深入推进国有企业混合所有制改革，积极发展民营经济，大力发展低能耗和低污染的高科技产业和现代服务业，不仅有利于降低老工业基地城市单位地区生产总值能耗和提升非老工业基地城市的绿色全要素能源效率，而且可为老工业基地城市调整改造提供技术溢出效应，从而激活各类企业积极投入到节能减排工作和达到能源利用效率提升的目标，最终形成以能源利用效率提升为导向的市场化节能减排新路径。

第五章　数字经济视域的环保政策：
区块链发展与绿色转型[*]

第一节　问题的提出

2008 年爆发的国际金融危机造成了全球范围内严重的信任危机，为了重建数字经济时代的信任，比特币创始人中本聪首次提出了区块链的概念，区块链是一种分布式的记账技术，通过块链结构存储数据，利用密码学确保多方安全参与，能在不可信的竞争环境中低成本地打破数据孤岛，解决信息不对称难题，具备公开透明、分布广泛、不可篡改伪造和取缔记录等诸多优势，区块链也因此成为近年来最火热的数字技术并备受世界各国重视，目前区块链已发展到 3.0 时代且其应用范围在不断向实体经济扩展。在国内，2019 年 10 月 28 日党的十九届四中全会首次将数据列为生产要素参与分配，标志着以数据为关键要素的数字经济进入新时代。作为数字经济最重要的生产要素，数据质量是制造业创新绿色转型的生命线。然而，在环保垂直管理制度改革与地方绿色 GDP 考核的新形势下，以山西临

---

　　[*] 本章主要内容以《区块链如何推动制造业绿色发展？——基于环保重点城市的准自然实验》为题发表在《中国环境科学》2021 年第 3 期。

汾环境空气自动监测数据造假案为典型代表的人为篡改、伪造和干扰污染物传输数据的行为屡禁不止。2018 年，中央生态环境保护督查在各地侦破环境犯罪刑事案件 8000 余起，充分暴露出制造业绿色治污技术研发创新驱动力与主动性存在严重短板，制造业绿色转型形势严峻。区块链作为颠覆性的核心技术，近年来成为世界各国争夺的焦点。美国 2017 年将区块链上升为变革性技术并于当年成立了国会区块链决策委员会。欧盟则致力于将欧洲打造为全球区块链发展和投资的领先地区，通过建立"欧盟区块链观测站及论坛"机制掌握国际区块链标准制定话语权。2019 年 10 月 24 日，中共中央提出将区块链作为核心技术自主创新的重要突破口，加快推动区块链技术和产业创新发展。区块链虽起源于金融领域，但其更大的价值是与实体经济相结合，助力制造业实现信息技术和制造技术相融合的智能制造和数字制造。目前，韩国、菲律宾、中国已有陆续将区块链应用于制造业污染治理的实践。本章认为，工业区块链技术的应用能够在数据安全、实时监控和数字化水平提升等多个方面促进制造业的绿色转型升级，未来建立一个低管理成本，高生产效率和监测准确度的分布式智能工厂设想正逐步走向现实。因此，本章的研究具有重要的实践意义。

第二节 文献综述

区块链作为继互联网之后的颠覆性技术，受到世界各国高度重视，国际上有关区块链与制造业企业融合的研究中，主要从工业 4.0 背景下包括区块链在内的诸多新兴技术应用入手研究了其对发展中国家制造业数字化转型和研发活动的影响。也有文献认为区块链最大的价值是解决了制造业企业和智能设备供应商之间的信任问题，并且主要从商业模式优化和创新能力提升两方面为制造业企业带来挑战和机遇。在制造业企业治污应用方面，有研究探讨了工业 4.0 背景下在化工行业应用区块链技术的可行性，并通过软件模拟测算了应用区块链使人与机器、机器与机器之间建立的交互机制给企业带来的能耗节约和污染减少。国外的研究人员设计了一种基于 5G 无线网络和区块链的实时空气污染指数监测平台，通过利用 5G 网络的低延迟和高可靠性与区块链的防止数据伪造和窜改特征将位于韩国首尔郊区的一家资源回收工厂内空气质量传感器收集到的数据传输到云端，做到实时异地监控。

国内有关区块链的研究中，有学者从现阶段我国制造业绿色发展的现状出发，以货车帮、滴滴出行为例分析了大数据对我国制造业企业实现绿色转型的促进作用，认为传统制造业企业未来仍需进一步提升数字化能力，向网络化和智能化的方向发展。也有学者利用政府和企业的两阶段动态博弈模型比较了政府参与建设"区块链+生产"平台、直接财政补贴和政府不参与三种策略下的政府福利，结果显示区块链的应用可以激励企业实现绿色生产并且促进政府之手缓解市场失灵。在区块链的国内应用方面，浙江省台州市政府基于区块链技术设计了海洋船舶废水联防联治的云管理平台并成功运行。

目前国内关于区块链应用层面的研究尚不多见，大多是从区块链与物联网、大数据等新兴技术的融合发展角度展开探讨，以理论探讨与实操层面为主，尚未涉及企业层面的微观机制、实证支撑与扶持政策体系。在制造业绿色转型的研究中，现有文献多是从对环境规制指标的刻画、考虑坏产出的绿色全要素生产率测度和各类环境规制工具的绿色转型效果分析等角度展开，停留在对外生性环境规制的影响、强度选择、工具类型和政策调整等，尚未触及内生性环境规制领域，亦即数字经济时代制造业转型的关键数据要素对于制造业绿色转型影响的理论、实证与政策研究。

本研究的创新点主要体现在：（1）区别于已有研究仅从宏观角度分析区块链与制造业的融合问题，本研究提出了一个基于区块链技术应用的制造业上下游不同所有制企业最优数据投入量与数字化绿色全要素生产率的理论模型，论证了区块链赋能制造业绿色技术创新的内在机制；（2）已有研究大多是从外生性环境规制角度研究制造业转型效果，本研究创新性地将区块链作为内生性环境规制工具进行准自然实验研究；（3）已有研究缺乏纳入数据生产要素的全要素生产率测度，本研究将数据生产要素作为重要投入，构建了数字化绿色全要素生产率的测度指标，并剖析了应用区块链情形下数字化绿色全要素生产率的所有制差异特征。因此，本研究对于更好发挥区块链赋能制造业绿色转型的作用机制与提升应用效果具有重要的理论、实证和政策参考价值。

第三节　理论模型与研究假说

区块链作为数字经济时代的新兴技术，其所带来的数据生产要素及不可篡改的重要特征，对于实现制造业创新绿色发展目标具有高度的契合性与应用性。本研究将区块链所带来的数据生产要素纳入制造业企业最大化行为动机的理论分析框架，试图探讨区块链技术是如何作用于制造业不同所有制企业，并剖析区块链应用情形下制造业最优数据要素投入量与绿色全要素生产率的决定机制。假设在某制造业产业链中存在两家企业，上游国企 N 和下游民企 M，N 为 M 提供生产产品所需的原料。假定产品、要素市场完全竞争，企业 M、N 的生产函数为：

$$F_i(K_i,\ L_i,\ D_i) = A_i K_i^{\alpha} L_i^{\beta} D_i^{\gamma},\ i=(M,\ N),\ \text{s. t.}\ \alpha+\beta+\gamma=1 \qquad (1)$$

其中，D 代表数据生产要素，获得数据需要成本，即企业上区块链技术的成本，包括分布式节点服务器和数据存储装备等设备的固定成本以及电费、人工维护费等变动成本。对于企业的非期望产出，借鉴邓慧慧（2019）的做法，设定污染治理函数为：

$$e=\varphi\ (\theta)\ F_i(K_i,\ L_i,\ D_i),\ i=m,\ n \qquad (2)$$

$$\varphi(\theta)=(1-\theta)^{\frac{1}{\mu}},\ \theta,\ \mu \in\ (0,\ 1) \qquad (3)$$

其中，e 为企业污染排放量，$\varphi\ (\theta)$ 为污染治理效果，表示污染排放量与企业产量的比例，θ 表示企业投入治污所用要素占要素投入总和的比例。上述两式表明，制约企业污染排放的因素主要有：（1）生产规模，企业规模越大产生的非期望产出必然越多；（2）治污投入 θ，一般情况下，企业投入到污染治理中的要素越多，产生的非期望产出越少；（3）治污效

率 μ，治污效率越高越有利于绿色生产。在治污实践中，监管部门和企业常常过度依靠前两个因素而忽略了最为重要的效率因素，甚至出现伪造数据编造"虚高"效率的假象。区块链技术的兴起为解决这一问题提供了转机，企业在绿色转型时充分利用数据要素，可以提高治污效率，防止数据造假，进而促使企业形成未来长期内污染数据无法伪造的理性预期，企业基于长期经济利益考虑进行绿色转型的意愿会增强。因此，本章提出假设：

研究假说 1：区块链企业有助于降低所在城市制造业污染物排放量和治污成本。

在利益诉求方面，M 与 N 大体具有一致性，但由于 M 是民营企业，以利润最大化为目标，而 N 是国有企业，在利润之外有企业社会责任等更多目标，方便起见将其视为 N 的额外成本 ε。假设在应用区块链之前，企业已经实现了初步的数字化并应用了一定量的数据要素，数据成本为 τ，故两企业的初始成本函数分别为：

$$C_m = r\,K_m + w\,L_m + \tau\,D_m \tag{4}$$

$$C_n = r\,K_n + w\,L_n + \tau\,D_n \tag{5}$$

政府出台在制造业企业中鼓励研发和应用区块链的政策后，一方面向企业提供研发补贴 ρ，企业获取数据的真实成本为 $(1-\rho)\,\tau$，另一方面授权环境监管部门获得同企业共同建立区块链平台的权利，企业污染数据与监管部门实时共享且无法造假，另外，将企业 M 的产品价格 P_m 标准化为 1，P_n 不变。企业的成本函数变为：

$$C_{m1} = v\,F_m + C_m(1 + \sigma\,R_m^2 - R_m - k_m R_n) - \rho\tau\,D_m \tag{6}$$

$$C_{n1} = (v+\varepsilon)\,P_n F_n + C_n(1 - R_n - k_n R_m + \sigma\,R_n^2) - \rho\tau\,D_n \tag{7}$$

其中，v 为污染税，R 为区块链研发水平，企业的研发与成本表现为 U 形关系，$\sigma > 1$。k_i 为企业 i 的数据吸收能力，意味着平台内企业 j 的研发同时也会降低 i 的成本。

由于企业将一定比例 θ 的要素用于污染治理,因此用于生产的要素所占比例为($1-\theta$),因此有下式:

$$F_m(K_m,\ L_m,\ D_m)=(1-\theta)A_m K_m^{\alpha} L_m^{\beta} D_m^{\gamma} \tag{8}$$

对于民营企业 M,结合式(2)和式(3)可得利润函数为:

$$\pi_m=(1-v)F_m-C_m(1-R_m-k_m R_n+\sigma R_m^2)+\rho\tau D_m \tag{9}$$

利用最优化条件可得均衡时的数据要素投入和全要素生产率,由于在模型设定中考虑到了数据要素投入和污染治理成本支出,因此可定义为数字化绿色全要素生产率,表达式如下:

$$D_m^*=\left\{\frac{e^{\mu}(1-\mu)(1-v)\gamma A_m^{(1-\mu)} K_m^{\alpha(1-\mu)} L_m^{\beta(1-\mu)}}{(1-\rho-R_m-k_m R_n+\sigma R_m^2)\tau}\right\}^{\frac{1}{1-\gamma(1-\mu)}} \tag{10}$$

$$D_n^*=\left\{\frac{e^{\mu}(1-\mu)(1-v-\varepsilon)P_n\gamma A_n^{(1-\mu)} K_n^{\alpha(1-\mu)} L_n^{\beta(1-\mu)}}{(1-\rho-R_n-k_n R_m+\sigma R_n^2)\tau}\right\}^{\frac{1}{1-\gamma(1-\mu)}} \tag{11}$$

$$A_m^*=\left\{\frac{(1-\rho-R_m-k_m R_n+\sigma R_m^2)\tau}{e^{\mu}(1-\mu)(1-v)\gamma K_m^{\alpha(1-\mu)} L_m^{\beta(1-\mu)} D_m^{\gamma(1-\mu)-1}}\right\}^{\frac{1}{1-\mu}} \tag{12}$$

$$A_n^*=\left\{\frac{(1-\rho-R_n-k_n R_m+\sigma R_n^2)\tau}{e^{\mu}(1-\mu)(1-v-\varepsilon)P_n\gamma K_n^{\alpha(1-\mu)} L_n^{\beta(1-\mu)} D_n^{\gamma(1-\mu)-1}}\right\}^{\frac{1}{1-\mu}} \tag{13}$$

数据要素已成为企业的核心生产要素,企业利用数据要素的能力直接关系到企业的核心竞争力。区块链作为底层技术的直接作用就是提高企业对已有数据的综合利用能力,既可以去信任、防止数据造假,也可以提高企业对数据的吸收、分析水平。因此,利用区块链首先可以提高企业的数据吸收能力 k,进而提升均衡时的数据要素投入量 D^*,由式(12)和式(13)可知,企业增加数据要素 D 的投入又可以提高均衡时的数字化全要素生产率,而企业污染排放量 e 与数字化全要素生产率的反比关系表明企业生产效率的提高可以降低非期望产出,最终实现降低企业污染排放的目标。另外,国有企业由于社会责任 ε 的存在,在其他条件相同的情况下,应用区块链技术后国有企业数字化全要素生产率更高，对企业减排技术升级的意愿也更强烈。据此，本章提出以下假说：

研究假说 2：区块链通过提高制造业数字化全要素生产率降低企业污染排放。

研究假说 3：区块链技术应用对国有企业污染排放和治污成本的降低更显著。

第四节　研究设计

一　模型设定

为了准确识别区块链企业对所在城市制造业绿色转型的驱动作用，本章从城市空气质量和企业的空气污染治理成本两个视角出发采用双重差分法（DID）进行检验。具体的逻辑思路是，区块链企业的兴起为制造业企业提供了数字化转型的技术和外部环境支持，在日趋严格的环境监管下，企业利用区块链实现对生产数据和排放数据的精准监控，区块链不可篡改和去信任的技术特征倒逼企业进行以减少排放为目的的技术升级，最终实现了减少污染和降低治污成本的双重目标。参考现有的研究（路正南等，2020），设定双重差分模型如下：

$$y_{it} = \alpha_0 + \alpha_1 treat_{it} \times post_{it} + \alpha_2 treat_{it} + \alpha_3 post_{it} + \beta X_{it} + \gamma_i + \theta_i + \varepsilon_{it} \quad (14)$$

其中，i 代表城市，t 代表年份。y_{it} 为被解释变量，反映 i 城市在 t 年的二氧化硫排放量和空气污染治理成本；交互项 $treat \times post$ 是最为关心的解释变量，其系数 α_1 衡量了有区块链上市公司和无区块链上市公司的城市制造业绿色转型的效果。具体而言，若 $\alpha_1 < 0$，表明区块链企业促进了当地制造业的绿色转型，反之则表明区块链企业抑制了当地制造业的绿色转型。γ_i 和 θ_i 分别为时间固定效应和个体固定效应，X 为一组控制变量，包括经济发展水平、制造业发展水平、产业结构和城市科研能力。

二 变量定义

实证分析中所涉及的解释变量、被解释变量、控制变量和机制变量说明如下：

解释变量：本章选取个体解释变量（treat）与时间解释变量（post），前者代表区块链企业，有区块链企业的样本设为1，没有为0；后者代表区块链企业兴起的时间，2013年以后设置为1。二者的交互项为本章的关键解释变量，通过个体间横向对比和时间轴纵向对比分析区块链对制造业绿色发展的促进作用。

被解释变量：选取城市二氧化硫排放量（$lnSO_2$）和空气污染治理设施运行费用（lngasoc）作为被解释变量。首先，城市二氧化硫排放主要来自制造业且二氧化硫也是常见的制造业绿色生产技术评价指标，如果二氧化硫排放量显著降低则可以在一定程度说明制造业的绿色技术水平提高。其次，选取空气污染治理设施运行费用代表企业的排污成本，单纯减少空气污染排放可能是短期内较为严格的外界环境规制所致，不具备可持续性，只有在污染排放量减少的同时治污成本同步降低才足够说明企业绿色技术水平的提高是真实和长效的。

控制变量：①经济发展水平 lngdp，采用地区国民生产总值衡量，并按2002年的不变价格进行平减以剔除通胀因素的干扰；②制造业发展水平 lnval，采用地区第二产业增加值衡量，同样进行平减处理；③产业结构 secstru，第二产业产值占地区生产总值的比重；④城市科研能力 sciemp，采用地区从事科学业务人员占城镇就业人口的比重衡量。

机制变量：在影响机制的分析部分，本章选取了数字化绿色全要素生产率（dgtfp）、绿色创新强度（greinn）和能源利用效率（entfp）三个变量。数字化绿色全要素生产率采用 SBM-DEA 测算，通过引入非期望产出和数据要素投入修正了传统的全要素生产率概念，其中非期望产出使用二氧化硫排放量、烟/粉尘排放量和污水排放量，数据要素投入使用城市互联网宽带接入户数衡量；绿色创新强度使用城市绿色发明专利数占发明专利总数的比重衡量；能源利用效率则将各市能源消耗作为一个重要要素纳入投入产出分析中进而计算出各城市制造业的能源利用效率，其中各市能源消耗量以美国军事卫星获取的夜间灯光数据为基准将各省能源消耗量分配到各地级市。

三　数据说明

本章使用 2003—2017 年覆盖全国主要环保重点城市的 93 个地级市的面板数据进行实证分析。在进行数据筛选时，由于西藏、海南数据缺失严重故不纳入样本，最终的样本涵盖了 29 个省级行政区（包括省、直辖市、自治区，不包括港澳台特别行政区）。数据来源有：二氧化硫排放量、空气污染治理设施运行费用来自《中国环境统计年鉴》；经济发展水平、制造业发展水平、产业结构、城市科研能力以及测算数字化绿色全要素生产率所需的投入产出数据均来自《中国城市统计年鉴》；测算城市绿色创新强度的专利数据来自国家专利局；测算能源利用效率所需的分省能源消耗总量来自国家统计局能源统计司编著的《中国能源统计年鉴》；地级市夜间灯光卫星数据来自美国国家海洋和大气管理局（National Oceanic and Atmospheric Administration，NOAA）的国家地理数据中心（National Geophysical Data Center，NGDC）。

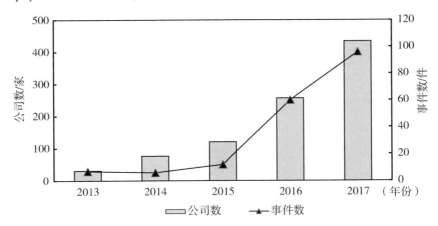

图 5-1　中国区块链产业发展趋势（2013—2017）

为了研究区块链企业服务制造业绿色技术创新的水平，需要选取一个时间点作为区块链应用的起始点，根据工信部发布的《2018年中国区块链产业白皮书》中近年来我国区块链企业的数目和融资情况来看，选取2013年为绿色区块链效应评估的起始年份较为合适，如图5-1所示。

第五节　结果分析

一　基准回归

区块链企业对所在城市制造业绿色转型促进效果检验的基准回归结果见表5-1。其中，静态效应即传统的差分法反映了区块链企业兴起后（2013—2017）与兴起前（2003—2012）的平均处理效应，结果显示二氧化硫排放量（$lnSO_2$）和企业治污成本（lngasoc）的核心解释变量 treat×post 的系数显著为负，这表明区块链企业促进了当地制造业的绿色转型。然而这样解释难免过于粗糙，为了使估计结果更为严谨，本章通过将处理变量与区块链企业兴起后的年份进行交互进一步得到了基准回归的动态效应，结果显示二氧化硫排放量（$lnSO_2$）和企业治污成本（lngasoc）的负向效应逐步增强，并且显著性逐渐提升。这意味着从治污成本的角度来说，区块链企业的促进效应存在约为两年左右的时滞，这可能是企业的技术升级需要较长的时间周期所致。

表5-1　　　　　　　　制造业绿色转型效果检验：DID 估计结果

变量	静态效应		动态效应	
	$lnSO_2$	lngasoc	$lnSO_2$	lngasoc
treat×post	-0.2598*** (0.0476)	-0.1694*** (0.0615)		
treat×year2014			-0.1706** (0.0898)	-0.0132 (0.1162)
treat×year2015			-0.2653*** (0.0897)	-0.2173* (0.1162)

变量	静态效应		动态效应	
	$\ln SO_2$	lngasoc	$\ln SO_2$	lngasoc
treat×year2016			-0.2970^{***} (0.0899)	-0.1940^{*} (0.1163)
treat×year2017			-0.4095^{***} (0.0899)	-0.2542^{**} (0.1163)
Control	YES	YES	YES	YES
Year	YES	YES	YES	YES
City	YES	YES	YES	YES
cons	10.9756^{***} (0.7203)	3.9750^{***} (0.9309)	11.0531^{***} (0.7206)	3.9975^{***} (0.9326)
Adj-R^2	0.3061	0.5222	0.3085	0.5242
N	1395	1395	1395	1395

注：括号内为标准差，***、**和*分别表示在1%、5%和10%的水平上显著，"YES"表示加入了相应的变量，下同。

二　内生性问题：工具变量法

使用差分法研究区块链企业对所在城市制造业绿色转型影响的理想状况应当是区块链企业的设立在所有城市中是随机的，处理组城市的选择不应受到其他影响制造业企业绿色转型因素的干扰，但现实中常常因无法满足这一前提导致内生性问题，本章也不例外。具体来讲，区块链企业倾向于向互联网发展水平高、数字化基础好的城市聚集，而这些城市的科研实力和技术水平普遍较高，对制造业的溢出效应显著，这使得处理组的选择受到内生性干扰进而影响估计结果。因此，本章借鉴特苏苏拉（Tsoutsoura，2015）的研究使用工具变量法来解决内生性问题。工具变量的选择要满足相关性和外生性两个前提条件，本章选取智慧城市作为工具变量，一方面智慧城市的设立基于物联网、云计算等诸多数字技术，与当地数字新兴企业密不可分，因此区块链企业的设立与智慧城市之间存在必然联系，相关性条件满足；另一方面，智慧城市2013年由住房和城乡建设部设立，满足外生性条件。工具变量估计的两阶段结果报告在表 5-2 中，第一阶段的 time×iv 系数在 1% 的水平上显著，且 F 统计值远大于临界值 10，表明满足相关性假设；第二阶段回归中的 time×treat 系数均显著为负，表明本章的估计结果不是由样本偏差造成的。

表 5-2   工具变量法估计结果

变量	第一阶段	第二阶段	
	time×treat	$\ln SO_2$	lngasoc
time×iv	0.1629*** (0.0251)		
time×treat		−0.4756* (0.2691)	−0.6231* (0.3523)
control	YES	YES	YES
year	YES	YES	YES
city	YES	YES	YES
cons	0.5945 (0.4157)	11.1010*** (0.7422)	4.2387*** (0.9716)
Adj-R^2	0.0597	0.2873	0.4811
N	1395	1395	1395
第一阶段 F 值	27.63		

注：括号内为标准差，***、**和*分别表示在 1%、5% 和 10% 的水平上显著。

第六节　稳健性测试

前文通过 DID 基准回归已经初步识别出区块链能够产生推动制造业绿色转型的效果，并使用工具变量法排除了可能存在的内生性干扰，但其他未知影响因素仍无法完全排除，比如实验组的选取是否满足随机性要求、区块链的绿色效应能否得到动态反映和样本选取是否存在偏误等，为此，本章通过安慰剂检验、动态时间窗检验、三重差分法、反事实检验和 PSM-DID 估计等一系列稳健性检验，以确保研究结论的稳健性。

一　安慰剂检验

本章的基准回归结论得出了区块链对制造业绿色转型的促进效应，但无法排除这一效应是否由其他不可观测因素驱动，为此需要进行安慰剂检验。具体而言，本章从所有样本城市抽样 1000 次，每次随机选取 23 个作为实验组，其余作为对照组，进行同基准回归一致的回归，如果存在任何显著的发现都表明基准回归的结果存在偏差。图 5-2 报告了 1000 次随机模拟实验的模拟结果，可以发现 treat ×post 系数的 P 值绝大多数都在 0.1 以上，表明在这些抽样中没有产生类似基准回归的促进效应，意味着本章所得结论不太可能是由其他未知因素驱动的。

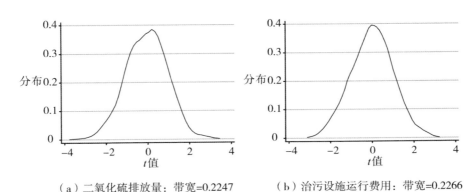

（a）二氧化硫排放量：带宽=0.2247　　（b）治污设施运行费用：带宽=0.2266

图 5-2　安慰剂检验结果

注：横轴代表从 1000 个随机抽取 23 个城市作为虚拟实验组所估计得出的 treat ×post 系数的 t 值，纵轴代表其相应的 p 值，曲线代表核密度估计的 t 值分布，安慰剂检验采用 Stata15.1 软件编程运行得到。

二　动态时间窗与反事实检验

动态时间窗检验是前文基准回归中动态效应的扩展。前文的动态效应只是重点关注了区块链企业对所在城市制造业绿色产出的冲击效应，未与区块链企业兴起前做充分对比。具体来讲，通过改变区块链企业兴起前后时间窗宽的方法来验证其在不同时间段内对制造业企业的二氧化硫排放量和治污成本的影响效果。以 2013 年为时间节点，分别选取窗宽 1 年、2 年、3 年和 4 年进行动态时间窗检验，检验结果如表 5-3 所示。从检验结果来看，改变时间窗宽度并没有改变区块链企业对二氧化硫排放量和治污成本的影响方向，且随着时间窗宽度的增加，二者均逐渐降低且显著性不断提高，但治污成本降低的时滞变得更长，这表明前文所得结论的动态效应是基本可信的，但企业为降低治污成本进行的技术升级实际上需要 3 年至 4 年甚至更长时间。在反事实检验中，本章借鉴了洪明义等（Hung et al.，2013）的研究，使用差分法要满足实验组和控制组具备可比性的前提假设，即在区块链企业出现之前，实验组与控制组城市制造业的绿色生产没有明显差异。因此，本章假设 2009—2012 年没有区块链企业，将其中的 2010 年和 2011 年作为假想的区块链企业兴起时间，进行同主回归一致的检验。结果显示，无论选择哪一年，反事实检验中的核心变量 treat ×post 系数都不显著，表明在 2013 年之前实验组和控制组制造业的绿色生产没有显著差异，具备可比性。

表 5-3   动态时间窗与反事实检验结果

项目		动态时间窗检验				反事实检验	
		1 年	2 年	3 年	4 年	2010	2011
样本量		843	1405	1967	2529		
因变量	$\ln SO_2$	-0.0815** (0.0298)	-0.1012*** (0.0364)	-0.1359*** (0.0519)	-0.1955*** (0.0537)	-0.0844 (0.0688)	-0.0595 (0.0924)
	lngasoc	0.0500 (0.0507)	0.0117 (0.0587)	-0.0304* (0.0726)	-0.0712** (0.0641)	-0.0208 (0.0929)	-0.0376 (0.0897)

注：小括号内为标准误，***、**和*分别表示在 1%、5%和 10%的显著性水平上显著。

三 三重差分法

差分法的运用要满足平行趋势假设，即如果没有区块链企业的兴起，实验组和控制组城市制造业的二氧化硫排放量和治污费用的变化趋势应当是平行的。然而这一假设较为理想，现实中也常常不能满足，比如本章的实验组和控制组城市选择覆盖了全国主要省份的重点工业城市，这一平行趋势可能无法满足。为此，本章通过使用三重差分法避免可能存在的估计偏差。

运用三重差分法需要找到一个不受区块链上市企业影响的实验组和对照组，本章选择拥有人工智能和大数据专业的"双一流"大学省份作为三重差分变量。数字经济的发展以互联网行业为依托，互联网行业天然具有聚集性和人才密集型的特点，因此，受益于开设人工智能和大数据专业的"双一流"大学源源不断的人才供给，各省数字经济发展差异越来越大，这为本章使用三重差分法进行估计提供了机会。具体而言，设计模型如下：

$$y_{it}=\alpha_0+\alpha_1 ddd_{it}+\beta X_{it}+yeartrend_j+\gamma_i+\theta_i+\varepsilon_{it} \tag{15}$$

其中，i 和 t 分别表示城市和年份；ddd 为三重差分变量，将开设上述专业的归属于"双一流"大学的省份设置为重点省份，对于区块链企业所在城市为重点省份的，ddd 赋值为 1，其他城市及区块链企业兴起前（2003—2012），ddd 赋值为 0；yeartrend 为省份个体时间趋势，用来控制省份层面不可观测的各种干扰因素；其他各项定义与基准回归模型相同。模型（15）中变量 ddd 的系数α_1反映了三重差分法下区块链企业对所在城市制造业绿色转型的影响效应，表5-4 中的估计结果显示，二氧化硫排放量和治污成本的 ddd 系数均在 1% 的水平上显著为负，表明在使用三重差分法缓解了可能存在的非平行趋势问题后，区块链企业仍能显著促进制造业的绿色转型，本章的研究结论不变。

表5-4　　　　　　　　三重差分模型估计结果

变量	$\ln SO_2$	lngasoc
ddd	−0.5455*** (0.1629)	−0.6388*** (0.0261)
cons	11.6626*** (0.5702)	8.8275*** (0.7644)
Control	YES	YES
Year	YES	YES

续表

变量	$lnSO_2$	lngasoc
City	YES	YES
Province ×Year	YES	YES
N	1395	1395
Adj-R^2	0.2554	0.4569

注：括号内为标准差，***、**和*分别表示在1%、5%和10%的水平上显著。

四 PSM-DID 估计

区块链企业的兴起可以看作是促进所在城市制造业绿色转型和创新的一次准自然实验，针对这种实验效果评价一般采用 DID 方法。传统 DID 方法容易存在"选择性偏差"以及"混合性偏差"，即无法确保实验组和对照组中的个体具备相通或相似的特征，并可能不能满足平行趋势假定。因此，本章进一步采用 PSM-DID 估计，该方法首先对实验组和控制组城市进行倾向得分匹配（PSM），通过控制变量进行特征样本识别寻找匹配城市，然后再对其进行差分法估计。估计结果如表 5-5 所示，在使用 PSM-DID 方法后，区块链对所在城市制造业的二氧化硫排放和治污成本仍表现为负面影响，并至少在 10% 的水平上显著，表明本章所得结论是稳健的，至此，假说 1 得到验证。

表5-5 　　　　　　　　　　　　PSM-DID 模型估计结果

变量	$lnSO_2$	lngasoc
treat ×post	−0.3885** (0.1632)	−0.3751* (0.2152)
cons	10.4043*** (0.9349)	8.7381*** (1.0515)
Control	YES	YES
Year	YES	YES
City	YES	YES
Province ×Year	YES	YES

变量	lnSO$_2$	lngasoc
N	1099	1099
Adj-R^2	0.2792	0.4453

注：小括号内为标准误，$***$、$**$和$*$分别表示在1%、5%和10%的显著性水平上显著。

第七节　进一步研究：作用机制分析与异质性检验

一　区块链与制造业绿色转型：作用机制分析

本章的研究发现区块链企业对所在城市制造业的绿色转型有促进作用，但这种作用机制究竟如何尚不得知。为了回答这个问题，本章分别引入制造业的生产效率、绿色技术创新和能源利用效率三个机制变量，借助中介效应模型解释区块链服务制造业绿色转型的内在机制。根据中介效应模型的原理，设计模型如下：

$$y_{it} = \theta_0 + \theta_1 treat_{it} post_{it} Moderator_{it} \times + \beta X_{it} + yeartrend_j + \gamma_i + \theta_i + \varepsilon_{it} \qquad (16)$$

其中，Moderator为核心的机制变量，其交互项的系数θ_1是本章最为关心的，其余变量与基准模型相同。检验逻辑是，在基准模型中将中介变量与核心解释变量进行交互，通过检验交互项的显著性考察影响机制是否显著，详细的估计结果见表5-6。

表5-6中数字化全要素生产率的交互项在二氧化硫排放量和治污成本的回归中均为负，且至少在10%的水平上显著，表明区块链企业通过数字化全要素生产率途径降低了二氧化硫排放量和治污成本，实现制造业转型和绿色升级。生产效率是衡量制造业转型效果的重要指标，本章在传统的全要素生产率概念基础之上充分考虑了环境污染等非期望产出和要素数据的影响提出了数字化绿色全要素生产率。伴随着数字经济的发展，数据要素对企业生产效率的影响越来越重要，但数据的"质"和"量"都对企业的处理能力提出了严峻挑战。区块链企业通过提升所在城市的数字化基础

设施水平直接或间接地改善了当地制造业企业对数据要素的应用能力，有了数据处理能力的背书，企业就能方便地通过更新生产理念、引入数字技术等多重手段提高生产效率，减少非期望产出并降低生产成本。因此，假说2得到验证。

表5-6　影响机制分析：数字化生产率、绿色技术创新与能源利用效率视角

变量	lnSO$_2$			lngasoc		
	数字化全要素生产率	绿色技术创新	能源利用效率	数字化全要素生产率	绿色技术创新	能源利用效率
treat ×post × Moderator	−0.3272**	−1.9665***	−0.3169***	−0.1692*	−1.3886**	−0.2095***
	(0.0655)	(0.5065)	(0.0535)	(0.0897)	(0.6905)	(0.0735)
cons	12.5744***	12.8576***	12.4637***	8.4249***	8.4918***	8.2504***
	(0.6462)	(0.6433)	(0.6422)	(0.8859)	(0.8769)	(0.8829)
Control	YES	YES	YES	YES	YES	YES
Year	YES	YES	YES	YES	YES	YES
City	YES	YES	YES	YES	YES	YES
Province ×Year	YES	YES	YES	YES	YES	YES
N	1395	1395	1395	1395	1395	1395
Adj−R^2	0.2256	0.2215	0.2520	0.5264	0.5274	0.5418

注：小括号内为标准误，***、**和*分别表示在1%、5%和10%的显著性水平上显著。

　　影响机制分析的结论表明，绿色技术创新和能源利用效率的中介效应同样为负，并且显著性更强，意味着区块链还可以通过倒逼企业进行绿色技术创新、提高能源利用效率来减少污染排放同时降低治污成本。传统的外部环境规制往往会降低能源效率，而区块链将为企业带来全方位和颠覆性的影响。首先，通过区块链技术企业的数据造假将不再可能，区块链在实体经济中的首要应用就是通过建立分布式的网络提高数据真实性，更真实的数据有利于环境监管部门严格监督，使企业无其他捷径可走，唯有进行绿色技术创新提高污染治理水平。其次，通过将区块链技术与物联网、大数据乃至5G通信网络结合建立研发链，使企业内部研发部门与外部科研院所、上下游供应商之间进行生产数据共享，形成高效的研发产业链，

提高企业内部的能源利用效率进而提高有效产出，减少治污成本。

二　区块链与制造业绿色转型：异质性检验

前文已充分论证了区块链企业对所在城市制造业绿色转型的效果和影响机制，但对于区块链企业及其所在城市这种影响是否会因某些因素而产生不同差异？这对于更为精准理解区块链对制造业的影响十分重要。因此，本章将进一步从区块链企业和所在城市两个角度选择企业所有制、产业结构和单位 GDP 能耗三个变量进行异质性检验。

1. 企业所有制。不同所有制区块链企业对所在城市制造业绿色转型影响的估计结果分别汇报在表 5-7 和表 5-8 中，可以发现细分样本的回归结果与基准回归的结果是一致的，进一步佐证了本章结论的稳健性。另外，对于国有企业二氧化硫排放量和治污成本的估计系数都要小于非国有企业，表明国有区块链企业对制造业的技术溢出和绿色转型促进方面表现更好。这在已有的研究中也得到了验证，对此可能的解释是国有企业承担更多的社会责任，在执行政府环境保护的命令时往往投入更多的资源，因此在减少污染排放和降低治污成本方面表现更佳，假说 3 得到验证。

表 5-7　　制造业绿色转型异质性分析：二氧化硫排放量视角

变量	$\ln SO_2$					
	企业所有制		产业结构		单位 GDP 能耗	
	国有	非国有	高	低	高	低
treat ×post	-0.3264***	-0.2194***	-0.2945***	-0.2257***	-0.4250***	-0.1580**
	(0.0703)	(0.0687)	(0.0772)	(0.0760)	(0.0859)	(0.0693)
cons	12.7929***	11.0542***	11.0164***	12.8118***	12.1302***	11.2702***
	(0.6492)	(0.5651)	(0.5776)	(0.6453)	(0.6643)	(0.5492)
Control	YES	YES	YES	YES	YES	YES
Year	YES	YES	YES	YES	YES	YES
City	YES	YES	YES	YES	YES	YES
Province ×Year	YES	YES	YES	YES	YES	YES
N	1230	1320	1215	1230	1215	1230

变量	lnSO₂					
	企业所有制		产业结构		单位 GDP 能耗	
	国有	非国有	高	低	高	低
Adj-R^2	0.2346	0.2164	0.1927	0.2389	0.2375	0.2243

注：小括号内为标准误，***、**和*分别表示在1%、5%和10%的显著性水平上显著。

2. 产业结构。数字创新型企业对制造业的技术外溢受制于所在城市的产业结构特征，区块链企业也不例外。近年来伴随着我国各主要城市产业结构的不断优化，产业链分工越来越明确，生产性服务业规模日益庞大。第三方生产性服务业通过与制造业的耦合为其提供技术服务支持，推动制造业发展。理论上，数字型生产服务业占比越高，区块链企业对制造业的生产技术提升水平越显著。为了检验不同产业结构下区块链企业的真实促进效应，本章用二次产业增加值占城市 GDP 的比重来衡量当地的产业结构。具体来说，按照区块链企业兴起的前一年（2012）的二次产业占比来划分，将排名前50%的城市定义为产业结构高的城市，将后50%定义为产业结构低的城市。从样本情况来看，区块链城市第一产业的比重占比较小且稳定，若二次产业占比低可近似认为第三产业服务业的比重高。因此，表5-7中显示第二产业占比高的样本二氧化硫排放量降低的多，表5-8中显示服务业占比高的样本治污成本降低的多。这意味着二次产业占比高的地区由于体量大污染排放减少的多，但是生产性服务业占比高的地区企业技术水平提高更多，治污成本降低的更多。

表5-8　　　　　　　　制造业绿色转型异质性分析：治污成本视角

变量	lngasoc					
	企业所有制		产业结构		单位 GDP 能耗	
	国有	非国有	高	低	高	低
treat ×post	−0.2850** (0.0813)	−0.2175*** (0.0695)	−0.1804* (0.0841)	−0.2125*** (0.0814)	−0.2740*** (0.0844)	−0.1300* (0.0812)

| 变量 | lngasoc | | | | | |
| | 企业所有制 | | 产业结构 | | 单位 GDP 能耗 | |
	国有	非国有	高	低	高	低
cons	6.0697*** (0.4445)	6.3632*** (1.4216)	6.2368*** (0.4475)	6.0718*** (0.4405)	6.0953*** (0.4442)	6.1373*** (0.4462)
Control	YES	YES	YES	YES	YES	YES
Year	YES	YES	YES	YES	YES	YES
City	YES	YES	YES	YES	YES	YES
Province ×Year	NO	NO	NO	NO	NO	NO
N	1230	1320	1215	1230	1215	1230
Adj-R^2	0.5636	0.5508	0.5451	0.5570	0.5505	0.5536

注：小括号内为标准误，***、** 和 * 分别表示在 1%、5% 和 10% 的显著性水平上显著，"YES"表示加入了相应的变量，"NO"表示未加入相应的变量。

3. 单位 GDP 能耗。单位 GDP 能耗是衡量一个城市制造业发展水平的重要特征变量，本章用能源消耗总量（吨标准煤）除以城市 GDP 求得。单位 GDP 能耗直接反映了经济发展对能源的依赖程度，同时还能间接反映城市产业结构、绿色技术装备水平以及能源利用效率等多方面内容。本章采用与产业结构相同的方法定义单位 GDP 能耗高和低两类样本城市，从异质性分析结果（表5-8）中可以看出单位 GDP 能耗高和低的城市二氧化硫排放量和治污成本都降低了，但高的城市降低更多，这表明区块链企业的确能够降低所在城市的污染排放和治污成本，且由于单位 GDP 能耗高的城市中制造业绿色转型起步低，潜力大降低的更多。

第八节　本章小结

一　研究结论

随着中国经济步入新常态，制造业传统的高能耗、高污染、高排放之路已不可持续，转变增长方式，实现绿色发展迫在眉睫。然而在逆全球化趋势不断抬头的当今世界，中国制造业面临的外部摩擦和竞争日益激烈，过强的外部环境规制无疑会增加企业成本，挫伤企业竞争力。因此，如何才能兼顾环境规制与经济发展质量，形成制造业绿色转型的内生机制？本章的研究给出了答案。运用2003—2017年全国93个环保重点城市和截止到2019年年底区块链上市公司的数据，本章在检验了区块链对制造业绿色发展的促进效应基础上利用中介模型分析了区块链的影响机制，并进一步考察了企业所有制、城市产业结构和制造业能耗的异质性，得出了以下结论：

首先，区块链企业对所在城市制造业作用显著，无论静态还是动态下都能在减少污染排放的同时降低治污成本，表明区块链推动了所在城市制造业的绿色发展。但需要注意的是，动态效应下污染排放立刻减少而治污成本的降低存在较为明显的时滞，表明企业技术进步需要较长时间周期。

其次，区块链主要通过数字化全要素生产率、绿色技术创新和能源利用效率三条路径间接促进制造业提高治污技术，实现绿色转型。在制造业领域，企业运用区块链一方面提升企业的数字化水平，通过利用数据提高对生产全流程的动态掌握，合理安排生产提高效率从而提升企业的全要素生产率，另一方面区块链以其技术设计取代传统的权威控制和情感信任，在企业内部培育发展为一种新型的内生性环境规制工具，将对环保欺诈、监测数据失真等排污行为产生冲击和对治污研发产生倒逼效应，提高绿色技术创新和能源利用效率。

最后，不同所有制区块链企业都能促进制造业降低空气污染排放和治污成本，但国有企业的降污效应更显著，这显然打破了我们对于国有企业效率低的刻板印象，实际上在竞争度更高、市场更活跃的数字行业，国有企业的创新溢出能力和正外部性有目共睹。另外，区块链的绿色效应还会受到城市产业结构和制造业能耗水平的影响，二产占比越高、单位GDP能耗越大的城市由于制造业更密集，技术相对落后，因此污染降低更显著，而样本中二产占比小的城市多为互联网、数字经济发展较好的城市，以杭州、深圳为例，这些城市的生产性服务业更发达，因此在区块链的推广中技术溢出更明显，治污成本降低更多。

二　政策启示

数字经济为制造业的发展提供了巨大机遇，本章研究结论表明目前区块链在制造业绿色转型方面已取得初步成效，但仍处于早期阶段，需要多方携手促进区块链技术与实体经济融合，助力制造业完成数字化绿色转型。为实现区块链发展和制造业转型的"双赢"，本章针对前文研究结论给出以下政策建议：

第一，加强产学研互动。本章实证结果表明区块链对制造业绿色转型能够产生显著效果，但存在一定的时滞。区块链的数据透明与不可造假特点具备在制造业中应用的天然优势，制造业企业应抓住时代机遇，搭上"中国制造 2025"这趟快车，积极应用新兴数字技术，提升数字化与智能化水平。政府要引导企业探索将数字技术与传统生产相融合，在转型期给予资金、税收等多方面政策支持，在企业与高校、研究院间建立技术交流与成果对接平台，减少企业运用区块链进行技术升级的时滞，帮助企业成功渡过转型阵痛期，实现新旧发展动能转换，建立制造业绿色发展的内生增长机制。

第二，完善数据安全体系建设。本章影响机制分析结论认为，区块链促进制造业绿色发展依赖于企业运用数据要素与数字技术后的生产效率提高和能源效率改善，在这一过程中数据安全至关重要，区块链虽能在一定程度确保数据不可造假但这更多的是局限于应用区块链的企业内部，在企业外部则无能为力．政府要逐步完善数据、信息安全方面的政策法规，加强对工业数据的保护，明确数据使用、流通过程中各方的权责利，打造国家级的数据安全监测指挥中心，为制造业应用区块链等数字技术提供安全保障。

第三，发展生产性服务业，鼓励不同所有制企业共同发展。本章异质性分析结论表明制造业占比高的城市虽然污染量显著减少，但治污技术进步不大，因此各城市要继续优化产业结构，鼓励数字技术研发类的生产性服务业集聚发展，建立此类企业同制造业的数据对接平台，加强正向溢出效应的挥，实现数字产业同制造业的叠加效应、聚合效应和倍增效应。以区块链企业为例，不同所有制区块链企业正外部性表现同样优秀，既要继续鼓励国有数字科技企业在核心技术上的不断创新，加快打造一批具备国际竞争力的生产性服务商品牌，又要充分发挥市场在区块链发展所需资源配置中的决定性作用，形成公平有序的融合发展新环境。

第六章　清洁转型视域的环保政策：
发电效率与驱动因素[*]

第一节　引言

为应对石油危机与全球气候变化，世界各国在目标引导、政策激励、产业扶持、资金支持等方面对可再生能源发电领域给予了高度重视。国际能源署发布的《可再生能源信息 2015》与《电力信息 2015》的相关数据显示，2013 年可再生能源发电量为 5130 太瓦时，占发电总量的 22%，远低于煤炭发电的 41%，其中非水电可再生能源为 1256 太瓦时，占全球发电总量的比重为 5.4%。2014 年全球可再生能源电力生产的比重比 2013 年上升 0.8 个百分点，达到 22.8%，其中水电、风电、生物发电、光伏发电分别为 16.6%、3.1%、1.8% 和 0.9%，其他形式的可再生能源发电合计为 0.4%，世界可再生能源发电正逐步成为替代不可再生能源的重要力量。

全球可再生能源发电面临着重要机遇，以可再生能源发电最为成功的德国为例，德国可再生能源单日发电量曾达到单日总用电量的 78%，在没有光伏发电的情形下，风能、生物能与水电等可再生能源甚至能够在夜间

---

[*] 本章主要内容以《2001—2012 年全球 23 国新能源发电效率测算与驱动因素分析》为题发表在《资源科学》2016 年第 2 期。

为德国提供大约 25%的电力，作为工业大国的德国而言，年均 28%的电力来自于可再生能源，对于推动低碳能源转型提供了重要抓手。与此同时，太阳能发电成本不断下降，2015 年，中国太阳能板平均 1 瓦特发电量卖 61 美分，比 2008 年下降了 86.4%，而且随着太阳能和风能大规模进入供电网络，将大幅降低工业和居民用电价格。

然而，可再生能源发电领域普遍存在的弃风、弃光现象与政府补贴政策波动并存，成为可再生能源发电面临的严峻挑战。以中国为例，截至 2015 年 6 月底，风电累计并网装机容量达到 1.06 亿 KW，同比增长 27.6%，2015 年上半年风电弃风量为 175 亿 kWh，平均弃风率是 15.2%，表明在半年中有近 175 亿 kWh 的风电由于被限制发电而浪费掉，同比翻了一倍多，按照 2014 年的供电标准煤耗计算，浪费的电量折合标准煤 556 万吨左右；与此同时，累计光伏发电量为 190 亿 kWh，弃光率为 9.47%，18 亿 kWh 电量被浪费。一方面，可再生能源限电接近 200 亿 kWh；另一方面，中国可再生能源补贴拖欠同样创新高，截至 2015 年 6 月，可再生能源基金补贴企业拖欠累计大约近 200 亿元。中国可再生能源"两个 200 亿"的严峻现实，使得可再生能源融资难、技术进步缓慢，恶化了产业发展环境，可再生能源发展规划目标实现的难度陡然增加。

每年世界可再生能源生产总量（太阳能、风能、生物燃料等）被耗尽的当天被称为"地球生态超载日"，据国际民间组织"全球足迹网络"的测算认为，从 1987 年 12 月 19 日（人类第一个生态超载日）开始，地球的生态超载日一年比一年早，1992 年、2002 年、2012 年、2013 年、2014 年分别提前至 10 月 21 日、10 月 3 日、8 月 22 日、8 月 20 日和 8 月 19 日，2015 年地球生态超载日则比 2014 年提前了 6 天至 8 月 13 日。从 20 余年的趋势来看，每隔 10 年，地球生态超载日将早一个月出现，世界各国将进入越来越严重的"生态赤字"状态。可再生能源发电的弃风、弃光等现象与世界可再生能源"生态赤字"形成强烈反差，"弃风""弃光"现象越严重，反映出在可再生能源装机容量（投入）一定的情况下，可再生能源发电量（产出）越低，亦即可再生能源发电效率越低，因此，表明进行可再生能源发电的驱动因素研究是十分必要的，对于推动可再生能源发电效率与比重提升、应对全球气候变化具有重要的现实意义。

这里有两点需要加以说明。第一，本章研究对象亦即可再生能源发电的范围界定方面，广义上的可再生能源是指包括太阳能、风能、水能、地热能、生物质能、海洋能、潮汐能在内的能够循环再生的能源，可再生能源的开发利用分为用于直接发电、热利用、制作燃料等，其中，可再生能源发电是对可再生能源利用的最主要形式，限于研究数据的可获得性和指标的对应性，本章所研究的可再生能源发电界定为太阳能、风能、地热能、生物燃料四种形式（可再生能源发电的主要来源）。第二，可再生能源发电效率的概念界定，现有文献针对发电效率的研究分为两大领域：一是不可再生能源（主要是煤炭行业）发电效率的测算与影响因素分析，通常是比较成熟的传统方法，以劳动力、资本、燃煤消耗、装机容量等指标作为投入，发售电量作为产出，基于 DEA、SFA、Malmquist 生产率指数和随机前沿生产函数模型进行技术效率的测算与分析；二是基于可再生能源技术层面的发电效率计算、影响因素分析与提升策略，主要集中在如何最大限度利用可再生能源发电的原理与机制的研究。

现有关于可再生能源发电效率的研究文献主要是从技术层面展开，计算太阳能、风能、地热和生物质能利用的发电效率、分析影响因素，并提出提升措施。作为最广泛的可再生能源发电形式，光伏发电效率的相关研究最为常见，如许晖等认为光伏发电最大的瓶颈是其效率问题，提高效率的关键是最大限度利用太阳能，他们将光伏电站划分为光伏阵列、汇流箱、逆变器和升压变压器四个环节，光伏发电最终的效率是经过上述四个环节能量损失之后的效率，在分析了各环节工作原理后，甄别出损耗的来源，对整体发电效率进行了计算，并认为光伏发电效率受到天气、环境、负载等多因素的影响，且是处于不断变化中，在计算太阳能光伏发电效率时，每个光伏电站工程的实际情况都需要考虑在内，计算会相对复杂很多。针对太阳能光伏发电效率的影响因素研究文献大多从光能有效利用的技术特征方面入手。如尚华等对包括太阳光辐射量、光伏组件特性、最大功率峰值跟踪等因素进行了解剖，并厘清了影响太阳能光伏发电效率的机制，分别从提高电池光电转换效率、跟踪太阳光最大功率、优化电池阵列、提升软并网技术等四个方面提出了提升太阳能光伏发电效率的建议。李思琢等采用一维稳态传热模型，分析了太阳能 PV 板水平倾角、空气温度等对 PV 板发电效率的影响机制，研究结果表明，PV 板水平倾角增长的过程中，发电效率呈现出先降后升的趋势，当达到 45 度的倾角时，发电效率降到最低；空气温度与发电效率呈现此增彼减的线性关系。史君海等认为光伏发电效率是决定电站优劣的关键指标，从组件安装、逆变器效率、系统结构等层面对太阳能光伏发电效率的影响因素进行了分析，从优选设备、集成研发和效率监测等方面提出了促进光伏电站效率提升的措施。

风力发电效率的相关研究主要集中在风力发电系统的改进。如刘吉臻等通过对风力发电系统的工作原理进行分析，采用梯度估计的风力发电系统最优转矩最大功率点追踪进行效率优化，研究结果表明，通过梯度估计设计的最优转矩补偿器，能够有效提高系统的动态特性，且算法简单，对于提高风力发电效率具有较高的应用价值。地热能发电效率的研究主要是针对地热发电热力循环效率影响因素的分析，如卢志勇等通过对地热系统循环过程的计算，研究了冷凝水温度、氨的质量浓度对循环效率的影响，结果表明，系统循环效率与氨的质量浓度呈现正相关关系，但氨浓度过高将导致系统的整体经济性下滑。生物质发电效率的研究主要包括效率评价、影响因素分析和效率提升对策，如闫庆友等系统整理并筛选了 2010 年以来具有代表性的 30 家生物质发电项目，使用 BC2 模型、AR 模型与分地区的 AR 模型进行评价，结果表明，中国生物质能的分布存在明显的区域差异性，西南、中南和华东地区的生物质发电效率普遍较高，提升市场和产业环境对于北方的生物质发电效率提高具有重要作用。黄少鹏以五河凯迪生物质能发电厂的调研为基础，研究了秸秆发电产业所存在的问题，研究表明，资产专用性限制、运输成本、国家补贴缺口等因素是导致农业秸秆发电受到制约的重要原因，提出惩罚与激励相结合、加强循环产业链建设、适度提高上网电价等有利于生物质发电的政策措施。

　　针对可再生能源发电效率驱动因素的分析，主要分为四大类：一是可再生能源发展评价，主要是针对可再生能源发展规划进行研究。如李虹等通过层次分析法和线性规划模型分析，在 2020 年中国可再生能源比重为15%的目标设定下，对水电、风能、太阳能等可再生能源的最优比例进行了计算，目的是为可再生能源的发展规划和政策制定提供参考；陈艳等从技术锁定、资源赋存、制度安排等角度分析了可再生能源替代化石能源的路径选择问题，研究认为短期内可再生能源的发展不具备价格优势，且不能确保经济的可持续增长，为制定可再生能源发展规划和政策扶持提供了一些政策建议。二是如何对可再生能源的发展进行政策激励，重点是光伏发电产业的激励机制问题。如肖兴志等在对中国光伏发电相关政策进行系统梳理的基础上，基于政府补贴、研发激励与上网电价制定等维度剖析了产业链不同环节激励机制所存在的问题，在吸取德国经验基础上，提出须从上网电价的合理制定、优化补贴方向方式和加强发输电与计量的研发激励等层面重构中国的光伏发电激励机制；俞萍萍认为中国的可再生能源激励适宜采取固定上网电价模式，政策制定需考虑能源禀赋和技术水平；苏竣等的研究认为中国可再生能源的技术创新主要是以国家科技计划为主导，而企业的参与度不高，且技术推广相对来讲不足。三是可再生能源替代不可再生能源方面的研究。如孙鹏等从能源替代视角分析了能源企业之间的动态博弈，研究结论认为，只有在可再生能源企业不断投入研发经费的前提下，可再生能源产出增长率恒为正且不断地提高，而不可再生能源恒为负且呈现出不断地下降趋势，只有当技术知识积累大于市场博弈效应时，能源总产出增长率才会恒为正；宋辉等通过系统动力学模型分析了可再生能源对化石能源资源的替代潜力与预期；赵新刚等采用 1994—2010 年中国的可再生能源发电和火电时间序列数据，运用 LVC 模型研究了两者技术的替代关系，研究发现具有相互的促进作用。四是可再生能源投资行为的分析。如马斯尼（Masini）等的研究认为，尽管投资者在可再生能源技术投资上起着重要作用，但经验证据显示投资者并不愿意去投资，虽然清晰明确的政策能够刺激可再生能源投资，但是收效甚微，原因在于没能深入理解投资者行为，以至于并未有效驱动和影响投资者的决策过程。

从上述文献梳理可以看出，关于可再生能源发电效率与驱动因素的研究的局限性主要体现在以下三个方面：第一，从研究视角来看，现有文献的研究主要从技术层面研究如何最大限度提高可再生能源发电的利用效率，尚未考虑政府补贴政策因素的影响；第二，从研究范式上来看，主要属于规范研究，实证研究不足；第三，从研究方法上来看，通常采用传统的 DEA、SFA 等方法进行测算，效率值的估计存在高估的缺陷。

区别于现有文献的研究，本章将不可再生能源技术效率测算的方法进行了基于 Bootstrap-DEA 方法的改进，应用于经济层面（区别于现有文献的"技术层面"）的可再生能源发电效率测算。具体而言，本章将细致分类的可再生能源装机容量作为可再生能源发电的投入，可再生能源发电量作为可再生能源发电的产出，实际上，在投入与产出的两端，政府补贴政策通过作用于设备投入使得可再生能源装机容量得以扩张，而通过作用于上网电价间接使得发电量得以提升，基于世界各国可再生能源投入产出数据测算出的效率即为经济层面的可再生能源发电效率，该经济层面的可再生能源发电效率是基于政府补贴政策下的可再生能源投入（装机容量）与产出（发电量）效率，全面涵盖了世界各国可再生能源发展政策实践和技术层面的信息。因此，本章所研究的可再生能源发电效率的内涵更为丰富，对于准确衡量经济层面的可再生能源发电效率和优化政策扶持方向具有重要的理论与应用价值。

第二节　研究方法与数据来源

一　研究方法

由于传统 DEA 估计出来的效率仅是相对意义上的"效率"概念，一般情况来看，真实的效率值不大于 DEA 方法所估计出来的效率值，本章采取 Bootstrap 纠偏技术，运用西玛（Simar）等提出的 Bootstrap-DEA 方法，以实现对全球不同国家可再生能源发电投入产出效率进行精确测度的目标。该方法近年来在投入产出效率的测算研究中得到广泛运用，方创琳等运用 Bootstrap-DEA 方法对中国城市群的投入产出效率进行了综合测度，研究发现基于 Bootstrap-DEA 方法纠偏后的中国城市群投入产出效率较低，但是更加可靠有效。周江等使用 Bootstrap-DEA 方法估计了中国煤炭工业的区际发展效率和置信区间，给出了中国能源生产布局的准确估计。王亚华等运用 Bootstrap-DEA 方法对 1980—2005 年中国交通运输行业技术效率进行了测评，结论认为 Bootstrap 纠偏的效率值低于未纠偏的效率值，原因在于 Bootstrap 方法将前沿面的非效率因素也考虑在内。

　　Bootstrap-DEA 方法的原理在于通过不断的重复抽样模拟数据的生成过程，并将原始的估计量应用在所模拟的样本里，目标是可近似得到原始估计量的样本分布。其优点在于能够不断修正效率评价值的偏误，且能够提供置信区间。假设真实的数据生成过程是 P，经过重复抽样得到的数据生成过程的合理估计是 $\dot{P}$，这样通过 Bootstrap 就能够产生原始统计量的样本分布情况。对于给定的一组投入产出（x_m，y_m）效率测度对应于 e_m（Efficiency Measurement），那么可以得到公式（1）：

$$(\dot{e}_m{}^* - \hat{e}_m) \mid \dot{P} \sim (\hat{e}_m - e_m) \mid P \qquad (1)$$

　　式中 e_m、$\hat{e}_m$ 和 $\dot{e}_m{}^*$ 分别表示真实 *Farrel*、数据生成过程 P 下和数据生成过程 $\dot{p}$ 下的效率测度值，由此能够估计出 $\hat{e}_m$ 的偏误。具体估计可分为 5 步：

　　对于一组投入产出（x_m，y_m），求解线性规划得出式（2）的 $\hat{e}_m$：

$$\hat{e}_m = mtn\{e \leqslant \sum_{i=1}^{n}\gamma_i y_i;\ e x_m \geqslant \sum_{i=1}^{n}\gamma_i x_i;\ e>0;\ \sum_{i=1}^{n}\gamma_i=1;\ \gamma \geqslant 0,\ i=1,\ 2,\ 3\cdots,\ n\} \qquad (2)$$

　　运用 Bootstrap 方法，基于 $\hat{e}_m$（$m=1$，2，$3\cdots$，n）产生一组式（3）所示的随机样本：

$$e^*1b,\ e^*2b,\ e^*3b,\ \cdots e^*nb \qquad (3)$$

计算 $X^*b = \{(x_{ib}^*, y_i), i=1, 2, 3, \cdots, n\}$，$x_{ib}^* = (\dot{e}_m/e_{ib}^*) x^i$，$i = 1, 2, 3, \cdots, n$ （4）

利用式（5）计算 $\dot{e}_m$ 的 Bootstrap 估计值 e^*mb，$m=1, 2, 3, \cdots, n$

$$\dot{e}_{m,b}^* = min\{e \mid y_m \leq \sum_{i=1}^{n}\gamma_i y_i;\ ex_m \geq \sum_{i=1}^{n}\gamma_i x_{m,b}^*;\ e>0;\ \sum_{i=1}^{n}\gamma_i=1;\ \gamma_i \geq 0,$$
$i=1, 2, 3, \cdots, n\}$ （5）

重复以上步骤 N 次，以确保置信区间的覆盖面，最终得到一组估计值：

$$\{\dot{e}_{m,b}^*,\ b=1, 2, 3, \cdots, N\} \quad (6)$$

本章选择 Bootstrap-DEA 方法不仅可以对小样本量的传统 DEA 估计结果进行纠偏，而且针对不同可再生能源投资的计量单位不同，该方法可为测算不同类型可再生能源发电的技术效率提供可行的思路。本章测算可再生能源发电效率所用的指标包括 4 个投入指标和 1 个产出指标，限于数据的可得性，着重界定了可再生能源发电量（不包括水电）、太阳能容量和风电装机容量的国家，本章基于选择可再生能源发展较为成功的国家以及数据可得性原则，选取的样本国家为 23 个，分别是：加拿大、墨西哥、美国、奥地利、比利时、丹麦、芬兰、法国、德国、希腊、意大利、荷兰、挪威、葡萄牙、西班牙、瑞典、土耳其、英国、中国、日本、印度、韩国和澳大利亚。由于部分国家还尚未开发地热能和未统计生物燃料产量的数据（产量很低，可忽略不计），因此我们将这些国家的这两个指标值作为零来处理。从选取的研究区间来看，我们只选择了 2001 年以后的数据，因为 2000 年以前，可再生能源尚未得到大规模的重视和发展；此外，限于数据可得性，本章研究的样本区间为 2001—2012 年。其中少量缺失的样本数据以该指标近两年数据的加权平均代替，最后得到 23 个国家 12 年的平衡面板数据，共计 276 个样本点。

二 指标选取与数据来源

1. 可再生能源发电效率测算指标选取与数据来源

可再生能源的投入主要体现在装机容量或产量的扩张上，核能不属于可再生能源，限于数据可得性，本章主要考虑了四类可再生能源，分别是太阳能容量、风能装机容量、地热能装机容量和生物燃料产量。原始数据来源于 BP 能源，EPS 全球统计数据/分析平台中的世界能源数据库（2001—2012 年）。可再生能源发电的产出可用发电量来表示，本章未考虑水电装机容量。因此，为确保投入产出指标的对应性，可再生能源发电量也不包括水电的部分，数据来源于世界银行，EPS 全球统计数据/分析平台中的世界经济发展数据库（2001—2012 年）。其中，2012 年的少量缺失数据以近两年的加权平均代替。在对各国碳排放量影响因素进行实证研究的设计中，将基于 Bootstrap-DEA 方法纠偏的可再生能源发电综合效率作为自变量，并选取影响可再生能源发电综合效率的驱动因素进行实证研究，为提高可再生能源发电综合效率的政策制定提供定量依据。

2. 可再生能源发电效率驱动因素指标选取与数据来源

为甄别可再生能源发电效率是否受到环境污染倒逼的压力，采用各国二氧化碳排放量作为环境污染的代理变量。为避免由于数据的换算加工和计算所带来的偏差，各国二氧化碳排放量的原始数据来源于 BP 能源，EPS 全球统计数据/分析平台中的世界能源数据库（2001—2012 年），单位为 $\times 10^6 t$，并对其取自然对数。此外，影响可再生能源发电综合效率的因素主要包括资源禀赋、人口分布和经济发展水平等方面，因此，本章的驱动因素变量主要选取了自然资源租金总额占 GDP 的比重、城镇化率和人均 GDP 等变量作为衡量指标。

采用自然资源（包括森林、矿产、煤炭、石油、天然气）租金总额占 GDP 的比重表示自然资源开采对可再生能源发电效率影响的代理指标。假定一国能源结构禀赋决定其消费结构，因此，自然资源租金总额占 GDP 比重亦可近似代表世界各国对可再生能源的需求结构。自然资源对经济增长的贡献指标的原始数据来源于世界经济发展数据库（2001—2012 年）。城镇化的推进不断改变着城镇居民的能源消费习惯，因此对碳排放量具有直接的影响。当前中国部分大中城市雾霾天气的日益加重引起了针对城镇化质量的高度关切，因而考虑这一影响因素则具有现实意义。世界各国城镇化率指标采用城镇人口占总人口的比重代表，数据来源于世界经济发展数据库（2001—2012年）。人均GDP可用来衡量经济发达程度，本章采用世界各国按照美元不变价的人均国内生产总值表示，原始数据来源于世界宏观经济数据库（2001—2012年），并对其进行取自然对数处理。本章所搜集和整理的上述各个变量指标的描述性统计参见表6-1所示。

表6-1　　　　　　　　　　　变量的描述性统计

符号	变量含义	均值	标准误	最小值	最大值
solar	太阳能容量（×10³KW）	920.799	3168.056	0.000	32643.000
wind	风能装机容量（×10³KW）	4779.489	9855.664	3.000	75372.000
geothermal	地热能装机容量（×10³KW）	221.529	599.277	0.000	3386.000
biofuel	生物燃料投入（×10³toe）	908.787	3482.530	0.000	28250.840
electricity	可再生能源发电量（不包括水电，×10⁹kWh）	190.216	314.618	1.070	2387.430
carbon	二氧化碳排放量（×10⁶t，取自然对数）	5.784	1.390	3.723	9.128
proportion	自然资源租金总额占GDP的比重（%）	2.560	3.922	0.021	21.907
city	城镇化率（%）	74.495	14.788	27.981	97.515
pgdp	人均国内生产总值（不变价美元，取自然对数）	10.050	1.047	6.156	11.505

第三节　结果及分析

一　基于Bootstrap-DEA纠偏测算的可再生能源发电综合效率

根据前文对于投入产出指标的界定，使用R3.1.2软件版本，采用Benchmarking包里的DEA-boot命令进行可再生能源发电的综合效率纠偏测算。基于规模报酬不变的投入导向模型，设定抽样次数为200次，估算结果见表6-2。其中，"综合效率e_m"代表的是可再生能源发电投入产出综合效率的原始 DEA 估计量，"综合效率 $\hat{e}_m$"代表的是经过 Bootstrap 纠偏之后的 DEA 估计量，"偏误"代表的是 Bootstrap 纠偏之后得到的 DEA 偏差估计量，满足等式：综合效率 $\hat{e}_m$（纠偏）= 综合效率 e_m-偏误；置信区间的上下界代表的是"综合效率 $\hat{e}_m$（纠偏）"的 95%Bootstrap 置信区间的上下界；根据此方法，计算得到了 2001—2012 年 23 个国家可再生能源发电的投入产出综合效率原始值和纠偏值。

从表 6-2 可以看出，经过纠偏测算的可再生能源发电综合效率值（表 6-2 的第 3 列）基本上要比原始的 DEA 效率值（表 6-2 的第 2 列）低，原因在于 Bootstrap 方法将前沿面的非效率因素也考虑在内，所以基于规模报酬不变的传统 DEA 方法高估了效率得分；表 6-2 中经过纠偏后的综合效率恰好落在置信区间的下界与上界之间，修正了传统 DEA 通常将无效单元判断为 DEA 有效的缺点，符合真实效率值通常小于等于传统 DEA 效率值的观点，表明引入 Bootstrap 纠偏技术所得出的结论是可靠的。

表 6-2　可再生能源发电原始效率值与 Bootstrap-DEA 纠偏效率估计值比较

国家	综合效率 e_m	综合效率 $\hat{e}_m$（纠偏）	偏误	置信区间 下界（2.5%）	置信区间 上界（97.5%）
加拿大	1.000	0.996	0.004	0.990	0.999
墨西哥	0.997	0.993	0.004	0.987	0.997
美国	0.994	0.990	0.004	0.984	0.993
奥地利	0.991	0.987	0.003	0.981	0.990
比利时	0.988	0.984	0.003	0.978	0.987
丹麦	0.985	0.981	0.003	0.975	0.984
芬兰	0.981	0.978	0.003	0.972	0.981
法国	0.978	0.975	0.003	0.969	0.978
德国	0.975	0.972	0.003	0.966	0.975
希腊	0.972	0.969	0.003	0.963	0.972
意大利	0.969	0.966	0.003	0.960	0.969
荷兰	0.966	0.963	0.003	0.957	0.966
挪威	0.963	0.960	0.003	0.954	0.962

续表

国家	综合效率 e_m	综合效率 e_m（纠偏）	偏误	置信区间 下界（2.5%）	置信区间 上界（97.5%）
葡萄牙	0.959	0.957	0.003	0.951	0.959
西班牙	0.956	0.953	0.003	0.948	0.956
瑞典	0.953	0.950	0.003	0.944	0.953
土耳其	0.950	0.947	0.003	0.941	0.950
英国	0.947	0.944	0.003	0.938	0.947
中国	0.943	0.941	0.003	0.935	0.943
日本	0.940	0.937	0.003	0.932	0.940
印度	0.937	0.934	0.003	0.929	0.937
韩国	0.934	0.931	0.003	0.926	0.934
澳大利亚	0.931	0.928	0.003	0.922	0.930
平均值	0.966	0.963	0.003	0.957	0.965

表6-3　　　　可再生能源发电 Bootstrap-DEA 纠偏效率估计值

国家	2001	2002	2003	2004	2005	2006	2007	2008	2009	2010	2011
加拿大	0.608	-0.035	0.676	0.928	0.975	0.920	0.914	0.939	0.983	0.996	0.996
墨西哥	0.736	0.029	0.675	0.790	0.979	0.896	0.891	0.930	0.979	0.994	0.993
美国	0.874	0.097	0.679	0.857	0.976	0.871	0.868	0.918	0.974	0.993	0.990
奥地利	0.879	0.172	0.085	0.920	0.978	0.846	0.846	0.904	0.970	0.991	0.987
比利时	0.483	0.260	0.132	0.775	0.936	0.819	0.824	0.890	0.964	0.989	0.984
丹麦	0.578	0.367	0.182	0.846	0.940	0.794	0.802	0.874	0.959	0.988	0.981
芬兰	0.695	0.506	0.235	0.916	0.937	0.768	0.780	0.858	0.953	0.986	0.978
法国	0.833	0.682	0.290	0.766	0.938	0.743	0.759	0.840	0.947	0.984	0.975
德国	0.833	0.654	0.355	0.839	0.898	0.718	0.737	0.822	0.941	0.982	0.972
希腊	0.531	0.645	0.430	0.913	0.902	0.693	0.716	0.942	0.935	0.981	0.969
意大利	0.646	0.676	0.516	0.817	0.897	0.668	0.695	0.930	0.929	0.979	0.966
荷兰	0.757	-0.110	0.609	0.699	0.899	0.928	0.674	0.917	0.984	0.977	0.963
挪威	0.761	-0.046	0.510	0.757	0.859	0.898	0.654	0.901	0.979	0.975	0.960

续表

国家	年份										
	2001	2002	2003	2004	2005	2006	2007	2008	2009	2010	2011
葡萄牙	0.412	0.021	0.507	0.804	0.863	0.870	0.634	0.885	0.975	0.973	0.957
西班牙	0.496	0.093	0.510	0.680	0.858	0.840	0.614	0.868	0.970	0.971	0.954
瑞典	0.596	0.175	0.014	0.742	0.859	0.811	0.595	0.850	0.964	0.969	0.951
土耳其	0.703	0.270	0.059	0.797	0.820	0.782	0.576	0.833	0.959	0.967	0.948
英国	0.702	0.386	0.106	0.669	0.824	0.754	0.557	0.815	0.953	0.965	0.945
中国	0.453	0.511	0.155	0.731	0.818	0.727	0.539	0.797	0.947	0.963	0.941
日本	0.554	0.477	0.203	0.789	0.819	0.700	0.521	0.779	0.941	0.961	0.938
印度	0.636	0.464	0.257	0.705	0.781	0.674	0.502	0.761	0.935	0.958	0.935
韩国	0.639	0.497	0.315	0.607	0.785	0.648	0.843	0.744	0.929	0.956	0.932
澳大利亚	0.338	-0.197	0.372	0.654	0.779	0.849	0.781	0.726	0.923	0.945	0.929
均值	0.641	0.287	0.342	0.783	0.883	0.792	0.710	0.858	0.956	0.976	0.963

二　测算结果分析

从表6-3可以看出，23个国家的可再生能源发电效率在2001—2012年间中除了2011年出现小幅下降以外（可能的原因在于2011年全球可再生能源发电新增装机容量迅猛增长，已超过化石燃料和核电的总和），其余年份均呈现出明显的上升趋势，尤其是2001年中国可再生能源发电效率仅为0.453，2011年上升为0.941；加拿大、美国、法国、德国的可再生能源发电效率位列世界前列；意大利、日本和英国的可再生能源发电综合效率偏低，原因可能在于意大利和日本的能源高度依赖于进口，加之政府频繁更迭和能源政策的"模棱两可"使得可再生能源发展相对滞后；英国可再生能源发电效率位居23个国家的第18位，原因可能在于英国的能源结构是以化石燃料为主（石油和天然气占主导地位），短期内难以通过实现可再生能源发展来带动能源综合效率的提升。此外，2002年和2003年的效率测算结果出现较大幅度的下跌甚至出现个别负值，可能的原因在于这两年全球可再生能源投资规模呈现"井喷"，而储能技术则尚未达到同步提高，因此导致如表 6-3 所示的测算结果；2004 年以后，可再生能源发电的综合效率测算结果较好地反映了发电技术和储能技术的稳步提升。

三 基于面板 Tobit 模型的可再生能源发电效率驱动因素研究

根据可再生能源发电的技术经济特征，将可再生能源发电的综合效率驱动因素归纳为地区自然资源禀赋、经济发展水平和人口分布等。现有文献主要是研究可再生能源发电绩效评价与碳减排效率的驱动因素。如蔡立亚等对主要工业化国家的新能源与可再生能源发电绩效的评价结果表明，新能源及可再生能源比较丰富国家的发电绩效总体来看要低于资源匮乏的国家，发达国家的发电绩效绝对水平高于发展中国家，但增速低于发展中国家；刘婕等基于城镇化率和要素禀赋对全要素碳减排效率影响的实证结果表明，城镇化率的提升使得碳减排效率呈现出"U"形特征，政府应从地区间要素禀赋的差异性着手，基于碳市场的建立来控制能源型省份的城镇化进程。

由于可再生能源发电综合效率值基本上均介于 0—1 之间，属于受限因变量，若直接采用 OLS 回归，将导致有偏估计或者不一致。针对数据观测值受限或者被截断所提出的 Tobit 模型可解决此类问题，对于包含世界各国可再生能源发电效率及其驱动因素的面板数据而言，固定效应 Tobit 模型一般得不到一致的估计值，因此，采用随机效应 Tobit 模型进行分析，Tobit 模型的具体形式如下：

$$Y_i^* = X'_i\alpha + \varepsilon_i \qquad \varepsilon \sim N\ (0,\ \sigma^2) \qquad i = 1,\ 2,\ \cdots,\ N \qquad (7)$$

$$\text{当 } Y_i^* > 0 \text{ 时，} Y_i = Y_i^* = X'_i\alpha + \varepsilon_i \qquad (8)$$

$$\text{当 } Y_i^* \leqslant 0 \text{ 时，} Y_i = 0 \qquad (9)$$

式中 Y_i、Y_i^*、X_i 和 α 分别表示不可观测的真实情况、可观测的因变量、自变量向量、相关系数变量；ε_i 独立且服从于正态分布；将数据在 0 处进行左端的截取，当 $Y_i^* > 0$ 时，观测值取的是实际的观测值，当 $Y_i^* \leqslant 0$

时，观测值取 0；采用最大似然估计方法对模型估计得到的系数 α 与 σ^2 是一致的。世界各国可再生能源发电效率驱动因素的面板 Tobit 回归模型如公式（10）所示：

$$EE_{it} = \beta + X'\alpha + \varepsilon_{it} \qquad (10)$$

式中，等号左边代表可再生能源发电效率；X 表示驱动因素指标的向量；α 表示系数向量；ε_{it} 表示随机误差项。

受限随机效应面板 Tobit 模型估计结果见表 6-4。从表 6-4 可以看出，个体效应标准差和随机干扰项标准差均比较小；RHO 的值在 0.620 以上，表明个体效应的变化在较大程度上解释了世界各国可再生能源发电效率的变化，对数似然值表明模型的拟合优度比较好。碳排放量对可再生能源发电效率影响的作用机制是：为应对全球气候变化的严峻形势和保障能源安全，碳排放量越大的国家，由于肩负着更多的碳减排责任，寄希望于可再生能源越多的期待，在出台众多支持可再生能源发电政策与装机容量扩张的基础上，可能更关注于可再生能源发电效率的提升。为此，我们选择世界各国碳排放总量作为可能影响可再生能源发电效率的因素，验证可再生能源发电补贴政策的实施与装机容量扩大的背后，以控制碳排放为目标的倒逼机制是否有效驱动了可再生能源发电效率的提升。表 6-4 的回归结果显示，碳排放量对可再生能源发电综合效率的影响为正，但在 5% 的显著性水平上不显著，表明各国碳排放水平未能倒逼可再生能源技术升级，严峻的碳减排压力并未有效驱动可再生能源发电效率提升。

自然资源租金比重对可再生能源发电效率影响的作用机制是：由于自然资源租金总额包括石油、天然气、煤炭、矿产和森林的租金之和，这些自然资源大部分属于不可再生能源，且在消耗中会产生大量的碳排放。当严重依赖于不可再生能源的国家想要完成碳减排任务，就必须更多地依赖于可再生能源发电，在装机容量扩张的同时，自然资源租金比重较高的国家就可能更倾向于在发电效率上加大研发投入，从而使得可再生能源发电效率高于自然资源租金比重较低的国家。因此，从理论上讲，自然资源租金比重提高对可再生能源发电效率具有促进作用。表 6-4 的回归结果显示，自然资源租金比重对可再生能源发电综合效率的影响为正，且在 5% 的显著性水平上显著，说明自然资源租金比重较大的地区，可再生能源发电综合效率较高，这恰恰与蔡立亚等的研究结论相反。原因在于他们将可再生能源发电绩效定义为各国新能源及可再生能源装机容量占新能源及可再生能源资源的比例，实质上是衡量新能源及可再生能源资源的开发程度，而本章的可再生能源发电综合效率则指的是在装机容量一定时所能够产出的最大发电量，反映的是投入产出的效率。

城镇化率的提高显著降低了可再生能源发电的综合效率，其传导机制是：一方面，城镇化率提高显著带动能源消耗增长，据国务院发展研究中心的相关测算数据，城镇化率每提高 1%，将大约增加 6000 万吨标煤的能源消费，而由于短期内以煤炭为主导的能源格局难以得到根本改观，可再生能源也难以成长为能源消费的主力军，城镇化所面临的"高碳锁定"的局面难以破解，加之城镇化率提升引起财政资金吃紧，而对可再生能源政府补贴则始终存在较大缺口，因此城镇化率提升可能进一步恶化可再生能源发电的财政补贴缺口，导致可再生能源发电效率难以提升；另一方面，随着城镇化率的提高，大量城市建设用地将会侵蚀太阳能、风能电站等可再生能源发电的占地规模，可再生能源发电的储能技术尚未得以突破，加之大规模的城市分布式发电系统尚未构建，城镇化率的提升短期内将可能阻碍可再生能源发电效率提升。人均收入水平对可再生能源发电效率影响的作用机制是：一方面，人均收入水平越高的国家是相对比较发达的国家，这些国家往往注重在各领域的研发投入，因此在可再生能源发电储能技术的研发上也会投入较多的政策与资金支持；另一方面，人均收入水平越高的国家，物质水平更加丰富，居民对环境质量的要求就会更高，公众对高环境质量的诉求在推动可再生能源发电方面起到更大的影响力，从而可能促进可再生能源发电效率提升。表 6-4 的回归结果显示，人均收入的系数在 1% 的显著性水平上显著，意味着经济越发达的地区，可再生能源发电效率越高，表明人均收入对可再生能源发电效率影响的作用机制是成立的。

表 6-4　　　　　　　　面板 Tobit 模型估计结果

发电效率	系数	标准差	Z 值	双尾检验概率	95% 置信区间	
碳排放	0.065	0.041	1.590	0.112	-0.015	0.145
租金比重	1.588	0.902	1.760	0.078	-0.180	3.356
城镇化率	-1.548	0.496	-3.120	0.002	-2.519	-0.576
人均收入	0.469	0.063	7.400	0.000	0.345	0.594
常数项	-3.218	0.572	-5.620	0.000	-4.339	-2.096
个体效应标准差	0.265	0.065	4.100	0.000	0.139	0.392
随机干扰项标准差	0.206	0.010	20.910	0.000	0.187	0.226
RHO	0.624	0.122			0.376	0.828

注：模型估计的对数似然值为 2.38。

第四节　本章小结

已有文献着重从技术层面研究了如何最大限度提升可再生能源利用的发电效率，本章区别于已有文献的研究，基于投入产出视角的 Bootstrap-DEA 方法，对世界各国可再生能源经济层面（涵盖技术层面与政府补贴等政策层面）的发电效率进行了纠偏测算，并采用面板随机效应 Tobit 模型实证研究了可再生能源发电效率的驱动因素影响方向与程度。

本章的主要贡献体现在：一是首次界定了可再生能源经济层面的发电效率概念，将技术层面和政府补贴层面的信息一并纳入考虑，测算出经济层面的可再生能源发电效率，该发电效率全面涵盖了技术经济与相关财税政策支撑、大规模储电技术及装置和电网的"冗余技术"能力、电网规模与输变电距离等影响可再生能源发电效率的因素；二是系统整理和采用 2001—2012 年世界上 23 个国家分类细致的可再生能源投入数据，将各类可再生能源的装机容量或产量作为可再生能源发电的投入，将可再生能源发电量作为产出数据，利用 Bootstrap-DEA 纠偏方法测算出经济层面的可再生能源发电投入产出综合效率；三是对可再生能源发电效率的驱动因素进行了基于面板随机效应 Tobit 模型的实证分析，为促进可再生能源并网发电的综合效率和节能减排绩效提升提供稳健的实证依据和政策意涵。

研究结果表明，传统 DEA 测算方法高估了效率得分，经过 Bootstrap-DEA 方法纠偏的可再生能源发电效率更接近于真实效率，纠偏后的全球可再生能源发电的综合效率呈现出逐年上升态势，尤其是中国的可再生能源发电效率在研究样本区间内得到较大幅度的改善。研究显示，加拿大、墨西哥、美国等主要发达国家的可再生能源发电综合效率高于其他国家。基于面板随机效应的 Tobit 模型对驱动因素的研究结果表明，碳排放量倒逼可再生能源发电效率的机制在世界各国尚未普遍形成，丰富的自然资源有利于促进可再生能源发电效率提升，其对可再生能源发电效率的弹性系数为 1.588；城镇化率提升一方面限制了部分可再生能源发电规模，另一方面导致财政补贴资金吃紧，加之大规模的城市分布式发电系统尚未建立，进而影响了可再生能源发电效率的提升；由于经济发展水平提升引致的环境偏好增强，研究结果还印证了人均收入水平较高的国家可再生能源发电综合效率普遍较高的结论。

本章研究结论对于以可再生能源替代促进碳减排的政策制定或调整优化提供了有益的经验证据和思路启发：（1）可再生能源开发利用应当以发电效率提升作为基本标准，避免过多的政策刺激仅作用于装机容量提升等投资领域，政策应准确定位于提升单位装机容量的发电量，提高装机容量扩张政策与发电量提升政策的协同性。（2）充分利用可再生能源资源的地区禀赋优势，加快推进大型可再生能源发电的基础设施建设，尤其是储能技术的研发投入。（3）着力推进可再生能源城市建设，实施绿色屋顶工程。本章研究的局限性体现在未考虑水电等可再生能源类型，对于可再生能源发电的产出衡量较为单一，本章也尚未构建各国针对可再生能源发展政策的量化指标。这些不足之处将是进一步拓展的方向。

第七章　制度改革视域的环保政策：
信息披露与绿色全要素生产率*

第一节　问题的提出

　　作为企业主动承担社会责任和公众参与环境治理的重要制度安排，环境信息披露从污染源主体到监管部门和社会感知之间建立了信息衔接和反馈机制，自 2007 年以来，我国陆续出台和实施《环境信息公开办法（试行）》《企业事业单位环境信息公开办法》等政策措施；2015 年，《环境保护法》（修订）以法律形式规定重污染企业公开具体的环境信息且提高相关披露要求；2020 年 3 月，《关于构建现代环境治理体系的指导意见》将健全排污企业信用体系和完善强制性环境信息披露制度作为重点任务；2020 年 12 月，中央全面深化改革委员会会议审议通过《环境信息依法披露制度改革方案》，进一步从国家顶层设计高度将环境信息披露提升到生态文明制度体系建设层面，从企业、管理、监督等视域进行了充分优化，为打赢污染攻坚战奠定了坚实的制度保障。

　　在环境信息披露制度日臻完善形势下，我国二氧化硫排放总量由 2016

---

* 本章主要内容以《环境信息披露制度改革对绿色全要素生产率的影响测度研究》为题发表在《环境科学研究》2022 年第 10 期。

· 123 ·

年的 854.9×10⁴t 降至 2019 年的 457.3×10⁴t，取得了较好的绿色发展成效。然而《中国上市公司环境责任信息披露评价报告（2019 年）》认为，"污染排放披露情况"指标的得分率不足 10%，生态环境部因为环保问题通报处罚多家上市公司，《A 股 ESG 评级分析报告 2020 年》（ESG 代表环境、社会和公司治理）的数据显示，2012 年 6 月—2020 年 6 月，1293 家上市公司涉及 ESG 风险事件，其中的环境类风险事件高达 8447 件，比重高居首位，达到 43%，在一定程度上表明环境信息披露数据完整性与数据质量仍存在较大的提升空间。这就引发一系列值得深入探讨的问题：环境信息披露制度改革对促进绿色全要素生产率增长的效应如何？其背后的作用机制是什么？不同地区之间存在怎样的异质性？本章就环境信息披露制度对于倒逼城市绿色全要素生产率增长的效能不足、环境信息披露数据完整性和数据质量不高的现实难点问题，基于渐进双重差分模型对环境信息披露制度改革的绿色全要素生产率影响进行测度，为识别环境信息披露制度改革的传导机制和效果、进一步优化环境信息披露制度改革与提升绿色全要素生产率提供实证依据及政策启示。

第二节　文献述评

环境信息披露制度改革对绿色全要素生产率增长效应的诱发机制和作用效果，直接关乎环境信息披露制度红利的发挥。环境信息质量影响人类健康效益、经济绿色转型及地区经济发展均衡性等方面，近年来引发国内外学者对环境制度研究的重视。环境污染治理由于受经济发展水平、技术创新、政府监管、外商投资、城市规模及基础设施建设水平等方面的综合影响，导致企业环境信息披露质量存在地域性。环境信息披露制度作为对企业环境行为的"问责制"，影响政企关系融洽程度，能够降低企业与政府环境治理之间的信息不对称问题，影响绿色创新水平的提升与产业结构的绿色转型。目前而言，我国环境信息披露程度总体一般，基于利益考虑，高污染企业倾向于选择性披露环境信息，而政府具有更为强烈的环境信息披露意愿，能够通过环境规制手段规范企业环境信息披露行为。

但也有研究指出，政府环境规制手段对企业而言，会引起企业污染行为转变，逃避环境规制。环境信息披露制度能够在一定程度上规范企业环境信息披露范围与环境信息披露质量，提高政府环境规制效率。但是政府迫于财政压力与经济发展水平等因素，很可能倾向于降低污染治理的强度，而公众环保意识的提高以及对污染问题的反馈，能有效监督政府与企业的环境行为。除此之外，政府与各方利益相关者的互动能够激发污染企业绿色创新行为的产生，即使政府拥有高度权力，没有各方利益相关者的互动配合，企业污染行为治理效率也难以提高。环境污染治理需要各方配合，而环境信息披露制度作为对企业、政府等各方环境行为规范的相关立法补充，能够有效提高污染治理效率。以上国内外研究丰富了环境信息披露制度改革的理论与实证体系，但大多都是针对企业行为方面的绩效、环境责任、技术发展倾向以及政府环境规制等方面的研究，国内关于环境信息披露制度改革对城市绿色全要素生产率的研究还在探索发展阶段，主要关注企业或政府行为主体，污染指标较为单一，这类研究将个体环境行为从城市绿色发展整体当中分离出来，忽略了环境信息披露制度改革对整个城市的经济增长、技术创新、环境发展等多因素的综合作用测度和内在机制分析。

基于 2008 年开始实施的《环境信息公开办法（试行）》，公众环境研究中心（Institute of Public and Environmental Affairs，IPE）与自然资源保护委员会（National Resource Defence Council，NRDC）评价了 113 个城市污染源监管信息公开状况，明确了城市环境信息披露制度改革的基准线，随后经历了 2013 年城市扩容。鉴于此，本章以 253 个地级及以上城市为研究样本，利用夜间灯光数据将能源消费量这一评估绿色发展的重要指标纳入绿色全要素生产率测度当中，考虑非期望产出与规模报酬可变形式，以 SBM 模型与 Malmquist-Luenberger 指数测度 1998—2018 年绿色全要素生产率，基于我国环境信息披露制度改革实践，将杭州至各城市球面距离作为环境信息披露制度改革的工具变量和安慰剂检验、剔除其他干扰政策等一系列稳健性检验基础上，运用渐进 DID 模型对绿色全要素生产率影响进行测度，并进一步分析其作用机制，此外，分别考察了不同地区、不同对外开放水平的异质性效应，以期为评估环境信息披露制度红利和推进制度改革提供参考。

第三节　实证设计

一　实证模型

1. 基准回归模型

参考贝克（Beck）等的研究策略及设计思路，本章所用的渐进 DID 模型如式（1）所示。

$$\text{GTFP}_{i,t} = \alpha_1 + \alpha_2 D_{i,t} + \alpha_3 \text{CONTROL} + \gamma_i + \delta_t + \varepsilon_{i,t} \tag{1}$$

式中：$\text{GTFP}_{i,t}$ 表示 i 城市第 t 年的绿色全要素生产率；$D_{i,t}$ 表示核心解释变量；CONTROL 表示一系列控制变量；γ_i、δ_t 分别为年份固定效应与城市固定效应；$\varepsilon_{i,t}$ 为随机干扰项。α_1 为常数项，α_2 表示环境信息披露制度改革带来的绿色全要素生产率增长效应的评估系数，α_3 为控制变量系数。α_2 为式（1）的核心解释变量系数，若 $\alpha_2 > 0$ 且在统计上显著，则表明环境信息披露制度改革能够促进绿色全要素生产率提升。渐进 DID 模型中的部分样本城市在不同时间节点分批进入实验组，若城市 i 在第 t 年属于实验组城市，则 $D=1$；若城市 i 在第 t 年属于对照组城市，则 $D=0$。

2. 机制分析模型

环境信息披露制度改革对机制变量影响评价的模型如式（2）所示，环境信息披露制度改革对绿色全要素生产率影响测度的机制分析模型如式（3）所示。

$$\text{ADJ} = \beta_1 + \beta_2 D_{i,t} + \beta_3 \text{CONTROL} + \gamma_i + \delta_t + \varepsilon_{i,t} \tag{2}$$

$$\text{GTFP}_{i,t} = \rho_1 + \rho_2 D_{i,t} + \rho_3 \text{ADJ} \times D_{i,t} + \rho_4 \text{ADJ} + \rho_5 \text{CONTROL} + \gamma_i + \delta_t + \varepsilon_{i,t} \tag{3}$$

式（2）中：ADJ 表示机制变量，$D_{i,t}$ 表示核心解释变量，CONTROL 表示控制变量；β_1、β_2、β_3 分别表示式（2）的常数项、核心解释变量 $D_{i,t}$ 的系数和控制变量 CONTROL 的系数。式（3）中：ADJ×$D_{i,t}$ 表示机制变量与核心解释变量的交互项；ρ_1、ρ_2、ρ_3、ρ_4、ρ_5 分别表示式（3）的常数项、核心解释变量 $D_{i,t}$ 的系数、机制变量与核心解释变量的交互项 ADJ×$D_{i,t}$ 的系数、机制变量 ADJ 的系数和控制变量 CONTROL 的系数。其中，式（2）中的 β_2 用以衡量环境信息披露制度改革对机制变量的影响程度；式（3）中的 ρ_3 用以衡量环境信息披露制度改革通过机制变量对绿色全要素生产率的影响程度。

式（1）—式（3）的假设基础一：较早与较晚进入环境信息披露制度改革实验组的城市在环境信息披露制度改革之前的发展趋势不应当存在系统性差异，亦即二者的发展趋势基本一致，只有这样才能认为较晚进入改革实验组的城市是较早进入改革实验组城市的合适对照组，为此，共同趋势检验验证了假设基础一是成立的。假设基础二：环境信息披露制度改革不受绿色全要素生产率增长影响，原因在于环境信息披露制度改革是源自部分企业瞒报、误报污染排放信息，而不是基于考虑当地的绿色全要素生产率，满足渐进 DID 模型的适用性前提，为进一步克服可能存在的内生性问题，工具变量检验验证了假设基础二是成立的。假设基础三：环境信息披露制度改革的实验组选取具有随机性，安慰剂检验验证了假设基础三是成立的。假设基础四：研究的时间区间不存在环境信息披露制度改革以外的其他政策干扰，为此，稳健性检验分别剔除可能存在的政策干扰，进而验证了假设基础四是成立的。

二　变量设计

1. 要变量

绿色全要素生产率。基于考虑非期望产出的 SBM 模型与 Malmquist–Luenberger 指数模型，对 1998—2018 年我国 253 个地级及以上城市绿色全要素生产率（GTFP）进行测度。劳动、资本、能源投入分别使用单位从业人员（$\ln L$）、资本存量（$\ln W$）、能源消费量（$\ln N$）来衡量；期望产出利用地区生产总值（ln GDP）衡量，非期望产出为工业废水（ln F）、工业二氧化硫（ln SO_2）与工业烟尘（ln C），由于非期望产出缺少 2003 年之前相关数据，使用工业企业污染数据库进行填充，分别使用四位数与六位数行政区划代码提取企业所在城市信息，剩余企业通过人工提取地名，利用天眼查、百度地图等网络平台搜索公司信息，归类整理获得各地级及以上城市的污染排放数据。另外，根据各地级及以上城市夜间灯光数据所占全省（自治区、直辖市）灯光数据的比例作为能源消耗程度，与省级能源消费量进行匹配，获得城市能源消费量。其中，能源消费量数据源于《中国能源统计年鉴》，夜间灯光数据源于美国国家海洋与大气管理局。

核心解释变量。2008 年，《环境信息公开办法（试行）》正式实施，对政府、企业在环境信息披露方面的要求更加具体，环境信息披露制度在我国正式施行，与此同时，公众环境研究中心与自然资源保护委员会共同开发污染源监管信息公开指数（Pollution Information Transparency Index，PITI），该指数涵盖污染源、清洁生产、企业环境行为等影响环境污染治理的细分指标，据此从 2008 年开始对 113 个城市的污染源监管信息公开状况进行初步评价。其中，113 个城市中除 110 个国家环境保护重点城市外，还包括东莞市、盐城市、鄂尔多斯市等 3 个非国家环境保护重点城市。2013 年，镇江市、三门峡市、自贡市、德阳市、南充市、玉溪市、渭南市等 7 个非国家环境保护重点城市也被纳入 PITI 指数公开城市名单，截至目前，PITI 指数公开城市名单涵盖 120 个城市。借助 PITI 指数分析环境信息披露制度改革对绿色全要素生产率的影响，样本中共包含 118 个 PITI 指数公开城市（缺失鄂尔多斯市和湘潭市数据）。因此，将纳入第一批、第二批 PITI 指数公开名单城市的核心解释变量（D）取值为 1，否则取值为 0。

2. 其他变量与描述性统计

选取以 1998 年为基期进行指数平减得到的实际使用外商直接投资对数（ln FDI）、绿色创新强度（LC）、综合创新强度（ZC）、第二产业从业人员占比（DEP）、第三产业从业人员占比（DSP）、人口密度对数（ln PMD）、高等学校在校生占年末总人口比重（PXS）以及第二产业增加值占比（DE/

GDP）、第三产业增加值占比（DS/GDP）、规模以上工业增加值占地区生产总值比重（GY/GDP）、房地产投资与地区生产总值占比（PFDC）作为控制变量，因 GY/GDP 缺失 1998 年数据，所以样本量为 5060。使用的工具变量（IV）利用地理经纬度计算得到杭州到其他 252 个城市的球面距离数据，除绿色创新强度与综合创新强度所需的专利授权总量、绿色发明专利数、发明专利授权量数据源于国家知识产权局官网以外，其他数据均源于历年《中国城市统计年鉴》。主要变量的描述性统计结果参见表 7-1。

表 7-1　　　　　　　　　　　主要变量的描述性统计结果

项目	样本量	平均值	标准差	最小值	最大值
GTFP	5313	2.6147	1.9351	0.1513	17.8396
ln L	5313	3.5877	0.7970	1.3987	6.8945
ln W	5313	15.6613	1.7957	11.0077	20.0884
ln N	5313	6.6043	0.9730	3.2286	9.7410
ln GDP	5313	15.5904	1.1029	11.8264	19.2096
ln F	5313	8.3784	1.0775	1.9459	15.6401
ln SO$_2$	5313	10.3685	1.1731	0.6931	14.6040
ln C	5313	9.7188	1.1415	3.2777	15.4642
ln FDC	5313	20.3453	2.1895	10.7006	25.6921
LC	5313	0.0668	0.3079	0	1
ZC	5313	0.7155	0.2058	0.1470	1
DEP	5313	2.6147	1.9351	0.1513	17.8396
DSP	5313	151.5316	12.7154	14.6000	90.0600
ln PMD	5313	5.8446	0.7687	3.1324	9.1178
PXS	5313	0.0141	0.0208	0	0.1328
DE/GDP	5313	45.1261	13.9716	0.0040	90.9700
DS/GDP	5313	37.7319	9.5152	5.3929	91.3781
GY/GDP	5060	1.3171	1.0096	0	18.4846
PFDC	5313	0.1399	0.1563	0.0049	1.0682
IV	5313	986.2575	548.6495	0	3440.6445

第四节　实证结果与分析

一　共同趋势假设检验

采取渐进 DID 模型考察环境信息披露制度改革对绿色全要素生产率的影响，需满足共同趋势假设前提。共同趋势假设检验的基本逻辑：一是按照 2008 年和 2013 年的时间节点分别将城市样本中的第一批、第二批 PITI 指数公开城市纳入实验组，其余视为对照组。据此获得 PITI 指数公开之前不同组别的绿色全要素生产率的变化情况（见图 7-1），横轴 2008 年、2013 年用虚线标注以便于厘清各组变化。根据城市 PITI 指数公开时间划分为三类，第一类是从未纳入 PITI 指数公开名单的城市，G（分组虚拟变量）= 0；第二类是 2008 年 PITI 指数公开名单的城市，G = 1；第三类为

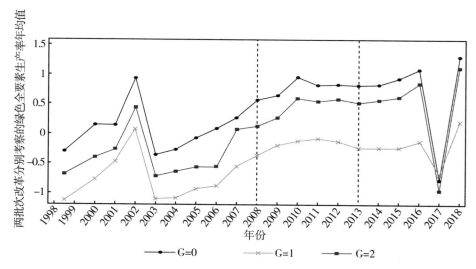

图 7-1　两批次改革分别考察的绿色全要素生产率年均值变化

注：G 为分组虚拟变量，G = 0 为对照组，表示从未纳入 PITI 指数公开名单的城市，G = 1 为第一批实验组，表示 2008 年纳入 PITI 指数公开名单的城市，G = 2 为第二批实验组，表示 2013 年纳入 PITI 指数公开名单的城市。2008 年、2013 年分别用虚线标注，表示不同批次实验组进入的时间节点。

2013 年 PITI 指数公开名单的城市，$G=2$。二是在满足绿色全要素生产率增长在环境信息披露制度改革之前保持一致的前提下，利用固定效应模型控制个体效应，加入上述一系列控制变量，在排除其他干扰环境信息披露制度改革对绿色发展效果的评估因素后，最终获得环境信息披露制度改革带来的绿色全要素生产率的变化趋势。由图 7-1 可见，PITI 指数公开之前（2008 年），第一批实验组（$G=1$）与对照组（$G=0$）相比，绿色全要素生产率趋势一致；第一批实验组与尚未进入 2013 年的第二批实验组（$G=2$）相比，绿色全要素生产率趋势也基本一致。在 2008 年之后，第一批实验组与尚未进入 2013 年的第二批实验组相比，以及第一批实验组与对照组相比，第一批实验组在 2008 年之后趋势存在明显不同。2013 年之后，第二批实验组与对照组相比，在 2013 年之前趋势基本一致，而在 2013 年之后趋势也存在明显不同。因此，可以判断得出满足共同趋势假设前提。

二　基准模型回归结果分析

表 7-2 模型 1 的核心解释变量 D 的系数在 1% 显著性水平上为正，在纳入控制变量之后，表 7-2 模型 2 的核心解释变量 D 系数为 0.3471，解释能力略有提升，显著性水平不变，环境信息披露程度每增加 1 个标准差（核心解释变量标准差为 0.0627），绿色全要素生产率提升 0.0218，这说明环境信息披露制度改革能够增强对污染源头的治理，对城市绿色发展具备显著正向效应。考虑国家环境保护重点城市类型的影响因素，设置国家环境保护重点城市类型的虚拟变量（TYPE），若该城市为国家环境保护重点城市，TYPE=1，反之为 0。核心解释变量 D 与 TYPE 的交互项（$D \times$ TYPE）的系数，衡量实验组中的国家环境保护重点城市绿色全要素生产率变动程度。如表 7-2 模型 3、模型 4 所示，无论是否加入控制变量，关注的 $D \times$ TYPE 系数皆在 1% 显著性水平上为正，表明在环境信息披露制度改革下，国家环境保护重点城市的绿色全要素生产率增长效应更强，对环境信息披露制度改革的反应更敏感。

表 7-2 基准模型回归结果

项目	GTFP			
	模型 1	模型 2	模型 3	模型 4
D	0.3007*** (0.0613)	0.3471*** (0.0627)	−0.1688 (0.1273)	−0.0761 (0.1130)
$D{\times}TYPE$			0.5088*** (0.1326)	0.4603*** (0.1198)
常数项	2.5432*** (0.0212)	0.7422 (0.9521)	2.5400*** (0.0213)	0.8788 (0.9545)
控制变量	未控制	已控制	未控制	已控制
样本量	5313	5313	5313	5313
调整 R^2	0.6551	0.6684	0.6555	0.6687

注：渐进 DID 模型运用的是稳健标准误估计，小括号内的数值为稳健标准误，***、**、* 分别表示在 1%、5% 和 10% 的水平上显著，下同。

三 环境信息披露制度改革对绿色全要素生产率影响的动态效应

通过共同趋势假设检验是渐进 DID 模型成立的基本条件。为更好地显示制度改革的动态效应，参考贝克（Beck）等的做法，将 2008 年、2013 年作为前后两批次环境信息披露制度改革对绿色全要素生产率的动态影响进行加权处理后界定的综合改革元年，得到距离第一次环境信息披露制度改革之前的第 1—15 年的时间虚拟变量（a），以及环境信息披露制度改革之后的第 1—10 年的时间虚拟变量，对照组城市由于一直没有被纳入 PITI 指数公开名单，将其时间虚拟变量赋值为 0，以估计环境信息披露制度改革下绿色全要素生产率的年均值，经过缩尾处理，获得环境信息披露制度改革前后十年的时间虚拟变量。以初始的 PITI 指数公开前的第 10 年作为基期，每隔两年形成核心解释变量 D 与时间虚拟变量的交互项，加入控制变量，这样不同批次的实验组与对照组获得距离环境信息披露制度改革实施前的第 $-a$ 年（$a=-8$、-6、-2）、改革元年（$a=0$）以及实施后的第 a 年（$a=1$、3、5、7、9）的绿色全要素生产率年均值。结果如图 7-2 所示，环境信息披露制度的综合改革元年为 0，以虚线标出，在环境信息披露制度改革之前，绿色全要素生产率增长效应并不显著，环境信息披露制度改革之后的第 1 年和第 9 年，绿色全要素生产率增长效应变得显著，通过渐进 DID 模型和事件研究法相结合的检验方式，证明了共同趋势假设的成立，表明环境信息披露制度改革存在持续显著的绿色全要素生产率增长效应。

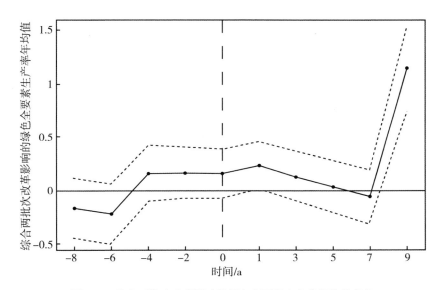

图 7-2 综合两批次改革影响的绿色全要素生产率年均值变化

注：点线代表 95% 置信区间。横坐标 −8、−6、−2、0、1、3、5、7、9 表示距离环境信息披露制度改革元年而言前 −a 年（$a = -8$、−6、−2）、当年（$a = 0$）、后 a 年（$a = 1$、3、5、7、9），纵坐标表示综合考虑两批次环境信息披露制度改革影响的绿色全要素生产率年均值。纵轴虚线代表的是将 2008 年和 2013 年两批次环境信息披露制度改革对绿色全要素生产率的动态影响进行加权处理后界定的综合改革元年，以准确厘清环境信息披露制度改革前后绿色全要素生产率年均值的动态变化。

四 内生性检验

1. 安慰剂检验

PITI 指数公开城市由 IPE 与 NRDC 选择，为剔除环境信息披露制度改革以外的其他内生性因素对绿色全要素生产率的干扰，对样本数据进行安慰剂检验。从原始数据中提取核心解释变量（D），利用计算机随机打乱组合，形成新的核心解释变量，再与剔除核心解释变量之后的原始数据进行随机匹配，获得新数据样本，利用 Stata16 软件随机抽取部分城市作为渐进DID 模型中的实验组，其余作为对照组，重复抽样 1000 次，如图 7-3 所示，核心解释变量 P 值均在 0.1 以上，且核心解释变量整体平均值为 -0.0015，带宽为 0.2221，与基准回归模型结果系数相比近似于零，表明不存在其他内生性因素影响结论稳健性。

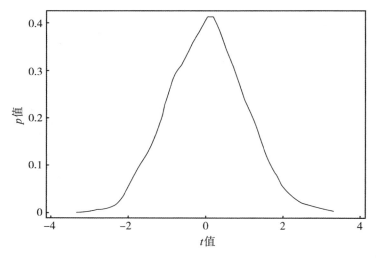

图 7-3 安慰剂检验结果

注：X 轴表示 1000 次随机抽取 253 个样本城市中部分城市作为虚拟实验组后所得 D 系数的 t 值，Y 轴表示对应 p 值，曲线代表核密度估计的 t 值分布。

2. 工具变量检验

渐进 DID 模型应用假设基础之一是实验组与对照组的选择是完全随机的，不受任何主观因素干扰。鉴于 PITI 指数公开城市名单中包含国家环境保护重点城市，而国家环境保护重点城市倾向于选择环境污染较为严重地区的省会城市、沿海开放城市与重点旅游城市，在产业结构调整、环境治理等方面要求更为严格，导致其城市环境保护的积极效应本身就更为显著，实验组与对照组的选取很可能受这部分因素的内生性干扰。

为进一步克服实验组选取可能存在的内生性问题，参考张勋等关于工具变量的选取思想，认为杭州到 252 个城市的球面距离能够很好地解释数字网络特点，与互联网联系深刻，环境信息披露制度改革主要就是通过数字网络平台途径提高公众对企业、地区污染问题的重视，信息流通速度越快，地方企业、政府对地方环境污染信息披露的重视程度越高，环境信息披露制度改革对地方环境污染治理强度的倒逼作用越强。选择杭州到样本中其余 252 个城市的球面距离（IV）作为环境信息披露制度改革的核心解释变量 D 的工具变量，加入控制变量后，在表 7-3 第 1 阶段检验中，将时间虚拟变量（TIME）与工具变量（IV）作交互项（TIME ×IV），替代现有核心解释变量，将核心解释变量 D 作为被解释变量。表 7-3 第 1 阶段检验结果表明，TIME ×IV 和 D 之间存在显著相关性，工具变量 IV 对内生变量 D 的解释力度较强，并且第 1 阶段的弱工具变量检验 F 值为 128.06，显著大于 10，说明不存在弱工具变量问题，工具变量选取十分有效。表 7-3 第 2 阶段检验结果的核心解释变量系数为 0.9941，且在 1% 水平上显著为正，表明在克服内生性问题基础上，环境信息披露制度改革能够显著促进绿色全要素生产率增长。

表 7-3   **工具变量检验结果**

项目	第 1 阶段	第 2 阶段
	D	GTFP
TIME ×IV	0.0006*** （0.0001）	
D		0.9941*** （0.3192）
常数项	0.0014（0.0603）	0.7419* （0.4138）
控制变量	已控制	已控制
样本量	5313	5313

五 稳健性检验

2007 年，我国决定进行排污权交易试点，财政部、原环境保护部、国

"双碳"目标下环保政策研究：作用机制、实证效果与路径优化

家发展和改革委员会批复了天津市、河北省、山西省、内蒙古自治区等 11 个省（自治区、直辖市）开展排污权交易试点，参考史丹等研究，将 2008 年作为该政策实施的时间节点，为剔除排污权交易政策干扰，构建排污权交易虚拟政策指标 PW，若样本城市属于 11 个试点地区，则 PW=1，否则，PW=0；设置排污权交易时间虚拟指标 $POST_1$，2008 年后，$POST_1=1$，否则，$POST_1=0$，以 PW×$POST_1$ 作为排污权交易政策效应交互项来剔除该试点政策影响。表 7-4 模型 1 显示，环境信息披露制度改革所代表的核心解释变量 D 与排污权交易核心交互项（PW×$POST_1$）在 1% 水平上显著为正，加入控制变量后，表 7-4 模型 2 结果显示，环境信息披露制度改革虽然受到排污权交易政策影响，核心解释系数 D 与基准回归结果相比略小，但不可否认的是环境信息披露制度改革整体仍对绿色全要素生产率增长存在积极效能。

此外，2012 年 10 月，原环境保护部、国家发展和改革委员会、财政部印发《重点区域大气污染防治"十二五"规划》的通知中，对经济发展水平、大气污染程度等影响大气污染防治效果的各类因素进行综合考量，将北京市、天津市、河北省等 19 个省（自治区、直辖市）划分为重点控制区与一般控制区，进行差异化管控与针对性治污减排，其中，重点地区的环境准入条件、行业污染物排放限值更为严苛，包含 47 个城市，分别涵盖京津冀地区、长三角地区、珠三角地区、成渝地区及辽宁省等。将 2013 年作为该政策实施的时间节点，为剔除此类政策干扰，设置该虚拟政策指标 DQ，若样本城市属于重点控制区，则 $DQ_1=1$，否则，$DQ_1=0$；若样本城市属于一般控制区，则 $DQ_2=1$，否则，$DQ_2=0$；设置《重点区域大气污染防治"十二五"规划》政策时间虚拟指标 $POST_2$，2013 年后，$POST_2=1$，否则，$POST_2=0$；以 DQ_1×$POST_2$、DQ_2×$POST_2$ 分别作为《重点区域大气污染防治"十二五"规划》与时间虚拟变量的交互项来剔除重点控制区、一般控制区的政策影响。表 7-4 模型 3、模型 4 分别报告了重点控制区与一般控制区在加入控制变量之后，环境信息披露制度改革所带来的绿色全要素生产率增长效应存在地区差异性。表 7-4 模型 5、模型 6 报告了

同时剔除排污权交易政策和《重点区域大气污染防治"十二五"规划》干扰以后的回归结果，无论是否加入控制变量，环境信息披露制度改革均能显著促进绿色全要素生产率增长。

表 7-4　　　　　　　　　剔除干扰政策的稳健性检验结果

项目	剔除排污权交易政策影响		剔除《重点区域大气污染防治"十二五"规划》政策影响		同时剔除排污权交易政策和《重点区域大气污染防治"十二五"规划》政策影响	
	模型 1	模型 2	模型 3	模型 4	模型 5	模型 6
D	0.2699*** (0.0614)	0.2965*** (0.0630)	0.3531*** (0.0625)	0.3458*** (0.0638)	0.2831*** (0.0625)	0.3012*** (0.0638)
PW ×POST$_1$	0.3180*** (0.0649)	0.4247*** (0.0665)			0.3192*** (0.0649)	0.4219*** (0.0666)
DQ$_1$×POST$_2$			0.0989 (0.0959)		0.0554 (0.1057)	0.0615 (0.1027)
DQ$_2$×POST$_2$				0.0098 (0.0689)	−0.0704 (0.1057)	−0.0050 (0.0751)
常数项	2.4847*** (0.0649)	0.6038 (0.9452)	0.7209 (0.9493)	0.7325 (0.9600)	2.4863*** (0.0262)	0.5964 (0.9531)
控制变量	未控制	已控制	已控制	已控制	未控制	已控制
样本量	5313	5313	5313	5313	5313	5313
调整 R^2	0.6567	0.6885	0.6859	0.6858	0.6567	0.6885

第五节　机制研究

一　传导机制一

环境信息披露制度改革通过将企业污染物排放信息公开，倒逼了污染产业退出与清洁产业扩张，进而从总体上带动产业结构调整，与此同时，产业结构调整也将对就业结构产生重要影响。因此，将产业结构和就业结构作为考察环境信息披露制度改革对绿色全要素生产率影响的机制变量。

从产业结构维度看，表7-5模型1表示，当被解释变量为第二产业增加值占比（DE/GDP）时，核心解释变量 D 在10%水平上显著为负，表明环境信息披露制度改革降低了第二产业增加值占比。表7-5模型3显示，当被解释变量为规模以上工业增加值占地区生产总值比重（GY/GDP）时，环境信息披露制度改革导致的第二产业增加值下降的主要原因来自工业结构的收缩；表7-5模型5表明，将第三产业增加值占比（DS/GDP）作为被解释变量时，与第二产业相比，环境信息披露制度改革显著提高了第三产业增加值占比。将以上机制变量分别代入式（3）中，表7-5模型2、模型4、模型6显示，与第三产业比重较高地区相比，环境信息披露制度改革显著抑制了工业和第二产业比重较高地区的绿色全要素生产率增长。

从就业结构维度看，表7-5模型7表明，当第二产业从业人员占比（DEP）作为被解释变量时，环境信息披露制度改革导致第二产业人员占比大幅下降；表7-5模型8表明，当第三产业从业人员占比（DSP）作为被解释变量时，环境信息披露制度改革对第三产业从业人员占比的影响较小；表7-5模型9表明，将第三产业从业人员占比（DSP）与核心解释变量 D 作交互项时，环境信息披露制度改革导致第三产业从业人员占比较大地区实现绿色全要素生产率增长。

表7-5　　　　　　　　　产业结构与就业结构作为机制变量的回归结果

项目	GY/GDP		DE/GDP		DS/GDP		DEP	DSP	
	模型1	模型2	模型3	模型4	模型5	模型6	模型7	模型8	模型9
D	-0.7173* (0.4275)	0.7639*** (0.1728)	-0.3695*** (0.0345)	0.9173*** (0.2616)	0.7505*** (0.2313)	-0.2696 (0.1939)	-84.4746*** (25.9362)	0.1175 (0.3743)	-0.7370*** (0.0038)
$D \times$ADJ		-0.2566*** (0.0986)		-0.0114** (0.0048)		0.1471*** (0.0049)			0.0182*** (0.0038)
常数项	45.4887*** (0.7620)	1.7743*** (0.4853)	1.6636*** (0.0657)	1.7893*** (0.4945)	50.0566*** (1.3743)	1.9905*** (0.4927)	929.0695*** (293.3150)	61.8325*** (4.5278)	2.2214*** (0.4463)
控制变量	已控制	已控制	已控制	已控制	已控制	已控制	已控制	已控制	已控制
样本量	5060	5060	5060	5060	5060	5060	5060	5060	5060
调整 R^2	0.7170	0.6730	0.5486	0.6707	0.8183	0.6711	0.7594	0.7626	0.6857

二　传导机制二

环境信息披露制度改革通过将企业污染信息公开，增加了企业生产成本，倒逼了污染产业进行基于污染减排导向的绿色创新和研发新兴产业技术的综合创新。因此，将绿色创新强度和综合创新强度作为考察环境信息披露制度改革对绿色全要素生产率影响的机制变量。将绿色发明专利占专利授权总量比例作为衡量绿色创新强度（LC）的指标，将发明专利与实用新型专利之和占专利授权总量的比例作为衡量综合创新强度（ZC）的指标，分别代入机制分析模型的式（2）中。表7-6模型1、模型2显示，以绿色创新强度（LC）作为被解释变量，无论是否加入控制变量，其核心解释变量 D 的系数始终为负，但数值较小且不显著；表7-6模型5、模型6显示，以综合创新强度（ZC）作为被解释变量，无论是否加入其他控制变量，其核心解释变量 D 的系数始终在1%水平上显著为正，表明环境信息披露制度改革能够激发综合创新强度提高。将绿色创新强度与核心解释变量 D 作交互项后，表7-6模型3、模型4显示，无论是否加入控制变量，$D \times ADJ$ 系数在1%水平上始终显著为正，表明环境信息披露制度改革能够通过促进绿色创新强度提高带动绿色全要素生产率增长；以综合创新强度与核心解释变量 D 作交互项后，表7-6模型7、模型8显示，无论是否加入控制变量，表明环境信息披露制度改革能够通过促进综合创新强度提高带动绿色全要素生产率增长。从绿色创新强度与综合创新强度在实现绿色全要素生产增长方面的贡献看，将表7-6模型4和模型8的 $D \times ADJ$ 的系数相除，可以得到环境信息披露制度改革下，绿色创新强度机制变量对绿色全要素生产率增长的贡献度为综合创新强度机制变量贡献度的85.2%。

表7-6　　　　绿色创新强度与综合创新强度作为机制变量的回归结果

项目	绿色创新强度				综合创新强度			
	模型1	模型2	模型3	模型4	模型5	模型6	模型7	模型8
D	-0.0044 (0.0041)	-0.0054 (0.0044)	0.1204 (0.0833)	0.0099 (0.0884)	0.0528*** (0.0064)	0.0264*** (0.0067)	-1.3295*** (0.1523)	-1.3081*** (0.1528)

续表

项目	绿色创新强度				综合创新强度			
	模型 1	模型 2	模型 3	模型 4	模型 5	模型 6	模型 7	模型 8
$D \times ADJ$			1.9291*** (0.6050)	1.7384*** (0.6047)			2.2689*** (0.2111)	2.0403*** (0.2072)
常数项	0.0679*** (0.0014)	0.0231 (0.0311)	2.5214*** (0.0251)	0.7422 (0.9521)	0.7029*** (0.0022)	0.4983*** (0.0820)	3.1567*** (0.1077)	3.2041*** (0.9308)
控制变量	未控制	已控制	未控制	已控制	未控制	已控制	未控制	已控制
样本量	5313	5313	5313	5313	5313	5313	5313	5313
调整 R^2	0.2900	0.2900	0.6561	0.6665	0.6019	0.6164	0.6617	0.6707

第六节　异质性检验

一　地区异质性

结合机制变量看，由于产业结构、就业结构和创新水平存在较大的地区差异性，为针对性评价不同地区的环境信息披露制度改革影响，对东部地区、中部地区、西部地区和东北地区进行地区异质性检验，结果如表7-7所示。表7-7模型1、模型3、模型5和模型7表明受环境信息披露制度改革影响，东北地区、东部地区并未表现出绿色全要素生产率增长效应，核心解释变量的系数分别为-0.4474和-0.1890；西部地区与中部地区具有积极的绿色全要素生产率增长效应，核心解释变量的系数分别为1.0151、0.8799，西部地区绿色全要素生产率增长效应更为显著。这说明各地环境信息披露制度改革影响程度存在显著地区性差异。

由于环境治理需要持续性的地方财政投入支持，不同地区财政压力各有差异，环境信息披露制度改革下财政压力如何影响绿色全要素生产率增长，需进一步研究。参考曹春方等的方法，被解释变量为一般公共预算收支差额与一般公共预算收入比值，用以衡量地区财政收支缺口，加入地区生产总值对数（ln GDP）和房地产投资占地区生产总值比重（PFDC）作为控制变量，剔除经济周期性影响，获得各地区动态财政压力（CY），回归结果如表7-7模型2、模型4、模型6和模型8所示，与地区异质性有所区别，东北地区、东部地区中的财政压力较大地区能够显著提高绿色全要素生产率，而西部地区、中部地区不显著，可能的原因在于西部地区与中部地区作为欠发达地区，财政压力并未产生倒逼绿色全要素生产率提升的效果。

表7-7 地区异质性分析结果

项目	GTFP							
	东北地区		东部地区		西部地区		中部地区	
	模型1	模型2	模型3	模型4	模型5	模型6	模型7	模型8
D	-0.4474***	-0.4942***	-0.1890*	-0.1207	1.0151***	1.0001***	0.8799***	0.8075
	(0.1538)	(0.1503)	(0.0987)	(0.0997)	(0.1316)	(0.1571)	(0.1409)	(0.1389)
D×CY		0.3117***		0.5072***		0.0016		0.2731
		(0.0488)		(0.1214)		(0.0902)		(0.2363)
常数项	-0.9951	2.1140***	0.7941	0.3602	-3.1342	-2.9525	5.1609***	5.0620***
	(3.3018)	(0.0212)	(2.3882)	(2.3990)	(2.0525)	(2.0497)	(1.5461)	(1.5215)
控制变量	已控制	已控制	已控制	已控制	已控制	已控制	已控制	已控制
样本量	693	693	1743	1743	1239	1239	1638	1638
调整 R^2	0.6510	0.6724	0.7444	0.7476	0.6576	0.6582	0.6704	0.6712

二 对外开放水平异质性

经济全球化背景下一国是否存在"污染避难所假说"，成为国内外环境经济领域研究的热点问题之一。将衡量对外开放水平的指标界定为是否属于沿海地区的虚拟变量和实际使用外商直接投资规模变量，将样本包含的天津市、上海市、杭州市、大连市等51个沿海地级及以上城市划分为沿海城市，将沿海城市所在省份的其他城市视为其他沿海地区，其余城市所在地区为非沿海地区，以考察对外开放水平的异质性。

表7-8模型1、模型3表明，环境信息披露制度改革对沿海城市（核心解释变量系数为-0.3511）、其他沿海地区（核心解释变量系数为-0.4010）均未起到积极的绿色全要素生产率增长效应，相对于沿海城市，

其他沿海地区的核心解释变量系数与显著性水平都较高，说明环境信息披露制度改革下，其他沿海地区绿色全要素生产率的抑制效应更为明显；表7-8模型5表明，非沿海地区的绿色全要素生产率增长效应表现良好，说明了非沿海地区与其他地区在环境信息披露制度改革影响下绿色全要素生产率存在较大的差异性。利用实际使用外商直接投资对数（ln FDI）作为城市对外开放水平衡量指标，与核心解释变量作交互项，表7-8模型2、模型4和模型6显示，对外开放水平对非沿海地区绿色全要素生产率的影响不显著，而沿海城市与其他沿海地区的$D \times$ln FDI系数分别为-0.1718、-0.2953，并且都在1%水平上显著，说明受环境信息披露制度改革影响，对外开放水平属于抑制沿海地区绿色全要素生产率增长的主要因素，将表7-8模型2与模型4的$D \times$ln FDI系数相减，得到其他沿海地区与沿海城市绿色全要素生产率的降幅差额为0.1235。

表7-8 　　　　　　　　　　　对外开放水平异质性分析结果

项目	GTFP					
	沿海城市		其他沿海地区		非沿海地区	
	模型 1	模型 2	模型 3	模型 4	模型 5	模型 6
D	−0.3511**	3.5086***	−0.4010***	6.1245***	0.9010***	0.7054
	(0.1476)	(0.1503)	(0.1073)	(1.1303)	(0.0865)	(0.5200)
$D \times$ln FDI		−0.1718***		−0.2953***		0.0094
		(0.0488)		(0.0501)		(0.0243)
常数项	−1.9117	−3.3383***	11.4176***	8.8631**	1.4488	1.4997
	(2.0633)	(2.1607)	(3.5961)	(3.6888)	(1.0116)	(1.0251)
控制变量	已控制	已控制	已控制	已控制	已控制	已控制
样本量	1071	1071	1008	1008	3234	3234
调整 R^2	0.7264	0.7288	0.7323	0.7404	0.6597	0.6596

第七节　本章小结

环境信息披露制度改革存在显著的绿色全要素生产率增长效应，将显著提升实验组绿色全要素生产率，对国家环境保护重点城市绿色全要素生产率增长效能更好。为强化环境信息披露制度改革对绿色全要素生产率增长的倒逼作用，应注重制度落实过程中的监管，提高环境信息透明度并接受公众监督，尤其是发挥国家环境保护重点城市示范作用，并不断对环境信息披露制度存在的问题进行充分完善和分批次推广至其他城市。

环境信息披露制度改革对绿色全要素生产率增长的作用机制主要是通过调整产业结构和就业结构提高绿色全要素生产率；从静态角度看，绿色创新强度占综合创新强度的贡献度为85.2%，从动态角度看，环境信息披露制度改革能够显著提高城市综合创新强度，但对绿色创新强度影响较弱。应协同考虑环境信息披露制度改革对产业结构、就业结构调整以及对绿色创新、综合创新的影响，畅通环境信息披露制度改革对绿色全要素生产率增长的机制发挥。

环境信息披露制度改革显著提升了中部地区、西部地区的绿色全要素生产率，对东北地区、东部地区的影响不显著；促进了东北地区、东部地区中财政压力较大地区的绿色全要素生产率增长；抑制了沿海城市、其他沿海地区绿色全要素生产率增长，提高了非沿海地区的绿色全要素生产率。应进一步推进中部地区、西部地区环境信息披露制度改革，因地制宜，充分挖掘东北地区、东部地区的绿色全要素生产率增长潜力，提高沿海地区外商引资的环境准入门槛，强化环境信息披露制度改革对绿色全要素生产率的积极效应。

第八章　能源供给侧改革视域的环保政策：
国际经验与路径启示[*]

第一节　我国能源供给侧改革的迫切性

伴随着我国经济进入以增速放缓为典型特征的"新常态"时期，2015 年我国 GDP 增长率降至 6.9%，为 25 年以来的新低；能源消耗总量约为 43 亿吨标准煤，其中煤炭占比仍高达 64.0%，能源消费弹性系数为 0.13，能源供给在支撑经济增长中仍然发挥着举足轻重的作用。2015 年 11 月以来全国范围内掀起的"供给侧改革"热潮日益渗透到能源行业改革领域，为贯彻落实党中央、国务院关于供给侧改革的重大决策部署，《国家能源局 2016 年体制改革工作要点》对能源供给侧改革的目标和任务进行了明确界定，然而我国能源领域长期以来存在的产能过剩、清洁能源比重低等突出问题束缚着改革进程。在我国经济处于"新常态"的特殊时期，增强能源供给侧改革的针对性和可操作性，对于能源转型升级和节能减排具有极其重要的现实意义。

1. 能源供给侧改革是应对第三次工业革命挑战与适应我国现实国情客

　＊　本章主要内容以《能源供给侧改革：实践反思、国际镜鉴与动力找寻》为题发表在《价格理论与实践》2016 年第 2 期。

观要求

第一，由于能源是工业生产不可或缺的重要领域，工业生产的实质是能源投入与要素加工、转化的过程，工业生产效率的提升与能源效率的改善是一脉相承的。德国"工业4.0"、美国"国家制造业创新网络计划"等战略倒逼我国加快推进"中国制造2025"，迫切要求我国提高工业生产效率和能源效率，我国传统高消耗高污染的化石能源为主导的经济结构已无法承受日益增长的资源环境压力，通过能源供给侧改革可有效实现能源效率提升和工业生产效率提升，对接"中国制造2025"；第二，针对我国当前油气等行业冗余人员过多与高素质人才进入机制不完善等要素供给抑制、火电投资持续高涨和清洁能源投资积极性不高、地方政府政绩考核等现实国情，须从供给侧视角对能源领域进行改革，释放包括劳动、资本、技术和体制等方面的活力，充分发挥市场在推动能源供给侧改革方面的决定性作用。

2. 能源供给侧改革是推动我国能源转型升级和节能减排的重要抓手

我国能源供给侧改革的内涵主要有两个方面，一是由于粗放型增长模式严重依赖于传统化石能源，针对以煤炭、石油等传统化石能源为代表的去产能、去库存、兼并重组等手段能够优化能源供应结构和供应效率，在能源领域引入混合所有制改革，激发社会资本的投资热情；二是通过政府补贴等扶持手段提高清洁能源在能源供给和消费中的比重，通过发展太阳能、风能、地热、生物质能等清洁能源，以此替代化石能源，起到节能减排的作用。从本质上来讲，能源供给侧改革政策落实在实践中就是调整能源供应和需求结构的，是推动能源转型升级与节能减排的重要抓手。

3. 能源供给侧改革是实现区域间能源结构平衡优化配置的现实保障

由于我国幅员辽阔、能源储量的区域性差异明显，随之而来的严峻现实问题是能源的区域间调度成本较高，能源资源富裕地区难以向能源匮乏地区提供低成本的能源供给，加之清洁能源发电的储能技术水平存在短板，"弃风、弃光"等清洁能源发电浪费现象严重，呈现出"供需错配"的局面，归结起来是我国能源开发利用和运输规划尚需进一步明确，为了推动我国能源的区域间布局合理化，亟待通过供给侧改革实现区域间的能源生产供应、运输与需求结构的平衡。

第二节　能源供给侧改革的时机把握、工具选择与效应波及

镜鉴国际能源供给侧改革的经验，有助于为我国能源供给侧改革提供理论和现实观照，本部分主要从时机把握、工具选择与效应波及等视角对美国、英国和日本等典型国家的能源供给侧改革实践进行归纳分析，以期为我国能源供给侧改革的深入推进提供政策移植。

一　能源供给侧改革的国际经验

1. 美国。美国能源供给侧改革的典型时期包括里根执政时期和爆发于 2009 年的页岩气革命。里根政府执政期间为 1981—1989 年，为遏制美国国内滞胀，释放市场和企业活力，推动经济增长从乏力转变为恢复企稳增长状态，美国能源领域的供给侧改革主要实施的是放松石油、天然气市场的准入门槛，逐步取消能源管制的政策措施，以刺激能源供给和恢复经济增长。在长达 9 年的基于能源放松管制的供给侧改革进程中，1981—1985 年美国石油产量分别为 4.79、4.81、4.83、4.96、4.99 亿吨，呈现出逐年递增的态势；而 1986—1989 年美国石油产量则分别为 4.82、4.67、4.59、4.29 亿吨，呈现出逐年递减的态势，整个石油行业供给侧改革引起的石油准入门槛降低最初带动了国内石油产量增长，到 1985 年石油行业产量达到最大，随后由于石油进口替代量的逐年增长，美国国内石油产量得以持续回落。天然气产量方面，1981—1982 年美国天然气产量由 5431.5 亿立方米短暂下降至 5046.1 亿立方米之后，于 1983 年和 1984 年恢复增长至 4557.4 亿立方米和 4946.0 亿立方米，继 1985 年短暂回落后至 1989 年，美国天然气产量呈现出波动式的逐年增长态势，表明基于放松管制措施的天然气行业供给侧改革整体上提高了美国天然气产量。

美国在经历了石油垄断、能源外交扩张、能源安全强化和全球能源战略扩张时期之后，当前美国能源发展战略定位于"能源独立"，着力从能源节约与鼓励新能源的推广与使用着手，并于 2009 年开始了页岩气革命，其本质是从能源供给侧进行的能源结构性改革和调整，震动了全球的能源格局，为美国由能源输入国转变为能源生产大国提供了坚实的保障，并逐步降低石油的对外依存度，大力进行可再生能源的开发和利用。2015 年，美国将太阳能和风能等可再生能源行业所实施的税收抵免政策进一步延长 5 年，太阳能、风能设备的安装成本持续走低，可再生能源发电将在未来变得更加便宜。

2. 英国。英国是世界上较早认识到煤炭消耗与温室气体排放关联性和"以气代煤"重要性的国家之一，英国能源的供给侧改革主要体现针对能源结构转型，显著标志是"去煤"，典型表征是污染高压控制下的煤炭行业关停与裁员，甚至引起全国煤炭工人的大罢工，英国能源转型进程由早期煤炭行业的蓬勃发展走上了长达 60 年的漫漫"去煤"路，英国煤炭产量由 1981 年的 1.27 亿吨锐减至 2014 年的 0.12 亿吨，2015 年底，英国关停绝大部分的煤炭企业，为工业革命作出巨大贡献的英国煤炭行业日益减产，与此同时，鼓励煤炭的清洁利用，研发洁净煤技术，为达到严格的碳减排要求，规定所有的火电企业必须要安装"碳捕获就绪"设备，预计 2025 年之前英国将关停所有的燃煤发电企业。基于适应低碳经济发展需要的石油和天然气在英国能源结构中逐渐成长为重要力量，英国石油产量由 1975 年以前的不足 50 万吨迅猛增长至 1999 年的 1.37 亿吨，随后储量日益下滑，最终呈现出逐年下降态势。

近年来，为了填补英国日益严峻的电力供应缺口，英国政府提出采用"提前拍卖供电协议"和增加补贴的方式确定未来一年的电力供应商，该举措有利于激发供电企业的积极性，进一步降低电力供应成本，实质上英国的电力供给侧改革与市场化改革形成了高度统一的状态，运用市场化机制提供价格低廉的能源供给，释放企业的活力，最终达到优化能源配置的目标。针对新能源削减补贴成为英国近期能源供给侧改革的一大亮点，但英国国内对此存在较大争议，归根结底来讲，能源供给侧改革需要平衡好新能源企业、纳税人与节能减排之间的各方利益冲突。

3. 日本。由于日本的能源储量极其匮乏，能源对外依存度高达90%以上，表明日本的能源供给侧改革受到国际经济形势变化的影响较为深远，比如占日本能源消耗主体的石油进口相对非常集中，对中东地区马六甲海峡和波斯湾海峡的依存度分别高达83.3%和81%，天然气进口依存度也达到了30%左右，国际政治局势的变动通过影响日本的能源供给进而直接导致日本能源供给侧改革的产生。战后日本经济增速迅猛，能源消耗量大幅增长，环境污染日益引起国民的不满，能源消费逐步由煤炭转向石油，而1973年石油危机导致日本经济出现"滞胀"状态，加之日本劳动力由战后的大量过剩到相对短缺，不断上升的成本倒逼日本开始进行能源供给侧改革。

日本能源领域的供给侧改革主要体现在三个方面：一是，推行以降能耗、利息和劳动力成本为主要特征的"减量经营"，石油领域加大技术研发与设备改造，压缩企业原材料的成本和降低利息负担，通过裁员或将高能耗产业向海外转移等方式降低用工成本；二是，对于受到石油危机影响的萧条产业进行供需预测，并通过政府采购等手段回收过剩设备，适时关停过剩产能和安置下岗职工就业，认可供求不匹配的产品可维持合理垄断地位，对能源领域进行去产能的同时，通过专项资金扶持新能源产业的技术创新和发展；三是，实行减税政策，2011年福岛核电站事故之后，日本核电项目暂停，能源对外依存度陡然增加，火力发电比重大幅上升，2015年，日本提出能源的供给侧改革侧重于可再生能源的发展和逐步摆脱对核电的依赖。

二 基于美、英、日能源供给侧改革经验的政策移植

从美国、英国和日本的经验来看，能源供给侧改革的产生、推进和调整须根据特定的历史时期经济特征得以具体分析、确定和实施，综合采取多样化的供给侧改革手段以确保收到显著的效果。我国正处于增速放缓的

经济"新常态"时期，同时也同样面临着资源环境的双重压力，能源供给侧改革时机已成熟。如何合理运用英、美、日的能源供给侧改革经验，恰当运用到我国能源供给侧改革实践中，须进行基于我国国情的政策移植。从我国的具体国情来看，能源结构主要分为煤炭、石油、天然气等化石能源和太阳能、风能、地热和生物质能等可再生能源，煤炭行业可以采取兼并重组、"去煤"等手段进行供给侧改革，石油行业须降低对外依存度，天然气领域须加快页岩气的开发利用，核电应成为电力行业供给侧改革的重心，可再生能源行业发电应成为能源供给侧改革的重要方向。从宏观层面来看，减税、国企改革应成为我国能源供给侧改革的政策导向，不断推进能源市场化改革；从微观层面来看，放松煤炭、电力、天然气等能源行业的准入管制应成为我国能源供给侧改革的重要任务。

第三节　我国能源供给侧改革进程的演进、评价与反思

在论证能源供给侧改革迫切性与国际经验基础上，如何推进能源供给侧改革须首先明确我国的实践进展、当前问题与理性反思。本部分结合改革进程、举措评价与体制机制等维度对我国能源供给侧改革实践进行全方位的梳理与思考，为我国能源供给侧改革建议的提出提供现实基础和依据。

一　我国能源供给侧改革的时间节点与历史回顾

我国能源领域改革按照时间节点大致可分为三个阶段：

第一个阶段是 1978—1992 年的能源供给侧改革。改革开放以来，随着1978 年《中共中央关于加快工业发展若干问题的决定（草案）》将燃料动力产业放在经济建设的重要位置，1981 年和 1982 年相继发布实施的相关政策进一步强调了经济建设要以弥补能源短板为中心的任务，1988 年提出以电力为核心的能源供给政策，不断扩大电力行业的投资规模，1989 年国务院将能源行业发展纳入到调整产业结构的基础性产业中，1992 年提出

煤炭行业要改造东部地区的老煤矿，加大中西部煤炭资源的开发利用，电力工业发展提速；石油工业采取了"稳定东部、开发西部"的战略；天然气和海洋油气田的开发也逐步纳入到增加能源供给的战略思路中并积极加以推进。与此同时，由于资金短缺和国有能源企业增长迟缓，我国推行了多种经济成分协调发展的能源供给政策，非国有经济逐步进入到能源领域，以企业所得税优惠政策等形式吸引外资投向我国的能源工业。长达14年的能源供给侧改革为我国能源工业发展注入了强大动力，我国煤炭、原油、发电量分别由1978年的6.18亿吨、1.04亿吨和2565.5亿千瓦时增长至1992年的11.16亿吨、1.42亿吨和7470亿千瓦时，供给侧改革效果显著。此外，能源价格政策对于能源供给侧改革的影响效应要超过能源投资侧改革，电力行业由国有垄断逐步过渡到鼓励地方政府、相关部门和企业集资建设电厂，采取"还本付息"的电价政策，极大地吸引了社会资本投入到电力供给的行列中；原油主要实施了价格形成机制改革，逐步与国际油价接轨；煤炭行业由生产总承包逐步走向市场定价。一系列的能源价格政策对形成有序的能源供给体系提供了坚实的基础。

第二个阶段是1992—2015年的能源需求侧改革。由于1978—1992年能源供给侧改革的刺激，我国煤炭行业呈现出供大于求的局面，1997—1998年国务院决定在煤炭行业中实施由扩张转为收缩的政策，较大幅度地关停违法煤矿和压缩煤炭产量，能源政策的重心由能源供给侧改革转向能源需求侧改革，具体缘由在于我国能源已由短缺转为过剩，通过刺激能源需求以达到化解能源供需矛盾。

第三个阶段是2015年至今的能源供给侧改革。鉴于我国经济进入"新常态"时期和资源环境的双重压力，党中央、国务院审时度势提出供给侧改革的重大决策部署，日益渗透至能源改革领域，主要体现在"去产能、去库存、增加清洁能源供给"等层面，采取减税和国企改革相结合的重要手段，为提升能源供给效率出台一系列的政策保障措施。

二　我国能源供给侧改革的举措与综合评价

能源供给侧改革涉及多领域的能源形式，本部分主要就煤炭、电力、石油、天然气和可再生能源等我国主要的能源领域进行分类梳理与综合评价，以期明确未来我国能源供给侧改革的现实基础与发展问题，为找寻我国能源供给侧改革的切入点、着力点和落脚点提供理论与现实依据。

1. 煤炭行业重组、转型与退出。2015 年，我国规模以上煤炭企业的原煤产量约为 36.95 亿吨，下降 4.52%，直接从供给方压缩煤炭供给，与此同时，从需求侧来看，2015 年我国煤炭消耗量减少 3.7 个百分点，比 2014 年下降 0.8 个百分点，2014 年和 2015 年的两年间，我国煤炭消耗的减少量约相当于日本一整年的煤炭消耗量，以"去煤"为表征的能源供给侧改革在我国取得了阶段性的进展，我国煤炭行业正式进入四期并存的新常态——"需求放缓期、库存消化期、环境制约期和结构调整攻坚期"并存。煤炭行业重组整合、转型升级和退出将成为"十三五"时期我国煤炭行业发展的主线。2015 年前 11 个月，我国煤炭行业并购 49 起，比 2014 年增长 58 个百分点，6390 家煤矿企业有望通过兼并淘汰落后的产能在"十三五"末锐减至 3000 家以下，一半左右的煤炭企业将可能退出煤炭行业。2015 年 12 月，为淘汰落后产能的煤炭等能源企业的下岗员工进行社保安置等提供专项资金，促进"僵尸企业"的加速退出。2014 年，产煤大省——陕西省在煤炭行业大重组之后进行煤炭混合制改革，实行"国有、民营和外资"多元化互补发展格局；另一方面，大型国有煤炭企业由于历史包袱重、离退休人员众多、发展资金短缺与后劲不足相互交织，大型国有煤炭企业的转型将呈现出更加艰巨和漫长的特点。

2. 电力供给侧改革将促进节能减排效果和提高电力输配效率。我国电力供给侧改革可分为发展核电与深化电改两个方面。第一，积极发展核电是推进电力供给侧改革的重点任务，截至 2016 年，我国核电运行机组为 30 台，占全国电力装机容量比重仅为 1.8 个百分点，核能发电的比重不足 3%，部分核电机组不能够全程参与电力供应，造成核电机组的大量闲置和浪费，而英、美、韩等国家则利用核电带基荷运转，核电的比重较高，采取煤电等方式参与调峰。因此，未来我国核电供给侧改革的重点可能是确保核电基荷运行，一方面有利于提高燃料利用效率，另一方面可以更好地促进节能减排。第二，纵观全球电力改革的思路来看，"放开两头、管住中间"，成为电力改革的主流手段，"输配分开"曾在我国得以应用，当前我国电力供给侧改革应当由国家核定输配成本，将电网视为"服务商"，并对电网的收入进行实时监测，以最大限度提高输配电环节的效率。

3. 石油领域须理顺供给侧改革与国企改革的内在逻辑关系。石油在我国能源供给体系中的比重较低，2006—2015 年我国石油在能源结构中的比重大致维持在 18%—20%，呈现出稳中略降的态势，常规油气的探明率仅为 39%，落后于美国 11 个百分点，而采收率仅为 27%，而美国则高达 54%，2014 年我国石油探明储量为 184.8 亿桶，美国则为 484.6 亿桶，2014 年我国石油对外依存度为 59.55%，常规油气的供给侧改革存在巨大的潜力和空间。我国石油领域的供给侧改革的重要突破口是适当放开矿业权，鼓励民营企业进入到上游勘探环节，并逐步实现由工业化管道向市场化管网的改进。由于油气资源大多掌握在中石油、中石化和中海油等大型国企手中，因此，油气勘探与开发领域的供给侧改革须理顺与国有企业改革的内在逻辑关系，形成竞争有序的油气流通市场。

4. 天然气勘探逐步试点推行市场化招标机制，页岩气的商业化开发利用为天然气领域的供给侧改革提供了新的空间。2014 年我国天然气产量为1.21 亿吨油当量，约为美国的 18.11%，消费量为 1.67 亿吨油当量，约为美国的 24.01%。天然气在我国能源消费结构中的比重约为 5.5%，远低于世界 24%的平均水平。我国天然气领域的供给侧改革已迈出重要一步，2015 年《中共中央国务院关于推进价格机制改革的若干意见》提出下调天然气价格，加快推进天然气市场化改革，并在新疆油气板块试点公开招标，油气勘探上游改革拉开序幕。此外，天然气资本的多元化成为天然气领域供给侧改革的重要特征，由于政策、技术和资金的大力支持，我国页岩气的商业性开发利用已步入新征程，成为继美国、德国之后的第三个能够实现页岩气商业化开发利用的国家，将为我国天然气的供给提供资源保障，为天然气领域的供给侧改革提供新的空间。

5. 可再生能源发展前景广阔与挑战并存。能源领域的供给侧改革重点在于开发利用非常规能源，以达到节能减排的最终目标。由于受到政策的强力刺激和社会资本投资的积极性提高，我国可再生能源的开发利用呈现出较高的增长态势，基于清洁能源替代化石能源视角的节能降能耗效应显著，我国万元 GDP 能耗降低率由 2011 年的 2.0%持续下跌至 2015 年的 5.6%，能源消费总量中的清洁能源占比由 2011 年的 13.0%逐年上升至 2015 年的 17.9%。2015 年，我国太阳能和风能发电呈现出爆发式的增长，太阳能和风能发电装机容量分别达到 43.18GW 和 129.34GW，增长率分别高达 73.7%和 33.5%。基于清洁能源发展的能源供给侧改革取得显著成效。然而可再生能源领域普遍存在的"弃光""弃风"现象严重，2014 年我国弃水、弃光和弃风的损失电量合计高达 300 亿千瓦时以上，可再生能源电力消纳市场和机制尚未得以完全落实，可再生能源补贴缺口较大，可再生能源领域的供给侧改革将重点集中在就近消纳可再生能源发电量，进行调度系统的优化和储能技术的研发，提高跨区域可再生能源发电的输送效率，并逐步推广分布式可再生能源的供给和上网电价机制优化设计。

三　我国能源供给侧改革的问题与机制反思

通过对我国能源供给侧改革的实践梳理与评价，存在的主要问题有以下三个方面：一是，提升能源效率的具体细则和可操作性相对不足，各地"撒胡椒面"式的改革政策效果评估体系尚不完善；二是，各地能源发展同质化现象严重，须从比较优势的视角审视和研判各地区能源供给侧改革的重点；三是，天然气等行业对外依存度较高的局面尚未得到有效缓解，可再生能源发电的扶持政策尚需进一步细化和提高可操作性。

能源供给侧改革机制的反思须从改革内涵与改革效应着手。从供给侧改革的内涵来看，主要集中在两个方面：一是要素端的改革，涵盖土地、劳动力、资本、技术创新等；二是生产端的改革，涵盖产业发展总体政策和国有企业改革政策。具体到我国能源供给侧改革来看，简政放权、处理好政府与市场的关系、国有企业改革和要素市场改革是重中之重，须从顶层设计、关键环节攻坚和市场化改革入手，在以创新驱动为主线的能源效率提升道路上，做好去产能的劳动力安置工作，做好可再生能源储能技术研发和分布式能源推广应用工作。

第四节　我国能源供给侧改革的切入点、着力点与落脚点

在梳理我国能源供给侧改革实践与机制反思的基础上，本部分着重从何时进行能源供给侧改革和如何进行能源供给侧改革角度提出具体建议，为确定我国能源供给侧改革切入点、着力点和落脚点提供政策参考。

一　深入推进"去产能、去库存、降成本"任务

纵观美、英、日等国的经验，可以看出每一次的能源供给侧改革均面临着时机选择的重要抉择，每一次能源供给侧改革都蕴含着一定的经济背景和现实国情。因此，能源供给侧改革的首要任务就是明确具体国情以及何时进行能源供给侧改革的问题。能源供给侧改革攻坚必须坚持清晰的能源战略导向，遵循时序原则，亦即在短期消除供给障碍、中期化解供给老化、长期打破要素供给体制桎梏。当前我国能源领域低端过剩产能严重，库存压力较大，劳动力成本较高等现象，亟待通过兼并重组、转型升级、退出等措施清除能源供给冗余，通过降低社保缴费率等政策缓解我国劳动力成本不断上升的压力。总之，要不断实现化石能源的清洁化供给和消费，非化石能源要提供规模化的供给。

二　合理运用减税政策和深化国有能源企业改革

在我国经济"新常态"时期，运用诸如减税的宽松财政政策，进一步为能源企业提供宽松的税收优惠政策，降低能源企业的税收负担，提高能源企业投资的积极性。我国能源行业的集中度通常较高，国有能源企业比重较大，能源供给侧改革绕不开国有企业改革的范畴。由于能源从属性上来讲是属于商品，应由市场机制发挥决定性作用来配置能源资源，通常来

讲能源企业是属于商业类企业，但国有能源企业同时肩负着普遍服务的重任，同时具备一定程度的公益性，电网、油气企业同时具有商业性与公益性，内部存在着交叉补贴的现象，因此，为了更好地进行能源企业的供给侧改革，需要对政府与企业的职能边界进行明确界定，由政府提供公共服务和弱势群体的能源消费补贴，能源企业按照市场机制收取来自居民和工商企业支付的能源市场价格。此外，为缓解政府财政支出负担和确保补贴的公平性，可以适时将能源企业的交叉补贴支出责任交给政府。

三　激发和释放能源要素市场和能源企业活力

由于成品油、天然气等能源领域仍然在一定程度上属于垄断型经营，理顺能源价格形成机制成为我国能源领域供给侧改革的重要目标和任务，须充分运用市场机制激发和释放能源企业的市场活力，通过取消政府的过度监管和指导定价，利用资源税将市场机制引入到价格改革中。推进广义能源互联网建设，将太阳能、风能等可再生能源发电并网，运用互联网技术调控分配电力，抑制局部地区能源缺口或浪费现象。此外，以打开需求侧为辅的措施将化石能源的过剩产能通过"一带一路"向海外输送，适当运用需求侧改革拉动供给侧改革。

四　协调推进能源供给侧改革与能源监管的有机统一

能源供给侧改革将对能源的生产供应和消费产生直接的波及效应，而不可忽略的一点是在能源供给侧改革中要注重与能源监管的有机统一。供给侧改革必然涉及对过剩产能的淘汰和对新能源产业的扶持，这将面临着能源价格监管、确保居民社会福利不受侵蚀等能源监管的重点目标，能源监管机制创新须贯穿能源供给侧改革的全过程，对于提高能源供给侧改革的效果具有十分重要的意义。此外，能源供给侧改革并非单纯针对能源生产环节，而是包括能源产品到达消费者之前的所有生产、加工和流通环节，因此，能源供给侧改革与能源监管是相辅相成的，应统筹协调好能源供给侧改革和能源监管部门的职能分配，为能源供给侧改革的扎实推进提供动力保障。

第九章 财政支出视阈的环保政策：模式选择与路径优化

第一节 辽宁碳排放现状与发挥财政政策效能的重大意义

作为东北乃至全国重要的老工业基地，辽宁重化工业比重较高，碳达峰、碳中和任务艰巨。2020 年 11 月 27 日，中国共产党辽宁省第十二届委员会第十四次全体会议通过《中共辽宁省委关于"十四五规划"和二〇三五年远景目标的建议》，聚焦改造升级"老字号"、深度开发"原字号"、培育壮大"新字号"，为辽宁实现"双碳"目标奠定了坚实基础。

一 辽宁碳排放总量与产业能耗特征

1. 辽宁碳排放总量及在全国的位次

如图 9-1，2004—2019 年辽宁二氧化碳排放总量的趋势总体稳中有升，增长率有升有降，由 2004 年的 2.46 亿吨上涨至 2019 年的 8.33 亿吨，年均增长率为 8.47%，且 2013 年和 2015 年碳排放总量增长率为负值，2017—2019 年增长率回升幅度较大。

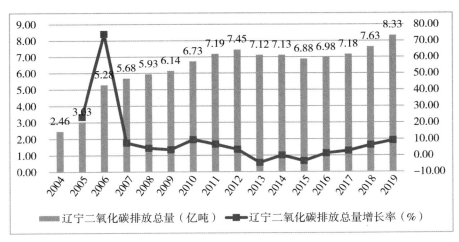

图 9-1 2004—2019 年辽宁二氧化碳排放总量

数据来源：由八种主要化石能源消费折算得到，化石能源数据来源于 EPS 数据平台下的中国能源数据库。

注：主纵坐标表示辽宁二氧化碳排放总量（柱形图），次纵坐标表示增长率（折线图）。

从表 9-1 和表 9-2 关于 2004—2019 年中国各省（区、市）二氧化碳排放量情况看，辽宁排放量增长趋势明显，2004 年在全国位次为第 22 位，仅为 2.46 亿吨，而 2019 年在全国位次则升至第 6 位，高达 8.33 亿吨，占全国碳排放总量的比重达到 5.94%。

表 9-1	2004—2011 年中国各省（区、市）二氧化碳排放量						（单位：亿吨）	
省份	2004	2005	2006	2007	2008	2009	2010	2011
北京市	2.13	2.33	1.23	1.31	1.33	1.37	1.38	1.29
天津市	0.79	0.79	1.32	1.41	1.40	1.51	1.84	2.02
河北省	0.91	0.98	6.21	6.78	7.06	7.53	8.10	9.16
山西省	4.52	5.59	6.30	6.56	6.30	6.25	6.70	7.39
内蒙古自治区	5.14	5.65	5.04	4.24	5.04	5.49	6.05	7.55
辽宁省	2.46	3.03	5.28	5.68	5.93	6.14	6.73	7.19
吉林省	3.03	3.48	1.84	1.95	2.20	2.25	2.51	2.87
黑龙江省	1.59	1.77	2.65	2.85	3.03	3.16	3.43	3.68

续表

省份	2004	2005	2006	2007	2008	2009	2010	2011
上海市	1.50	1.72	2.28	2.35	2.48	2.46	2.70	2.77
江苏省	1.24	1.28	5.25	5.67	5.76	6.02	6.72	7.74
浙江省	3.37	4.47	3.38	3.77	3.85	4.00	4.30	4.55
安徽省	2.92	3.31	2.11	2.35	2.69	2.96	3.14	3.37
福建省	2.55	2.74	1.46	1.65	1.72	2.04	2.27	2.59
江西省	3.71	4.45	1.28	1.40	1.42	1.49	1.73	1.91
山东省	2.77	3.11	8.18	8.89	9.44	9.83	10.87	11.45
河南省	5.12	7.15	4.82	5.33	5.50	5.62	6.08	6.70
湖北省	5.60	6.51	2.71	2.99	2.93	3.15	3.61	4.11
湖南省	2.60	2.82	2.29	2.66	2.63	2.76	2.93	3.27
广东省	2.74	3.25	4.27	4.64	4.82	5.20	5.83	6.28
广西壮族自治区	3.95	4.42	1.08	1.25	1.27	1.41	1.72	2.11
海南省	5.05	5.93	0.24	0.45	0.47	0.50	0.54	0.64
重庆市	3.53	4.08	1.16	1.27	1.33	1.43	1.57	1.79
四川省	1.81	2.27	2.53	2.84	2.98	3.35	3.46	3.49
贵州省	3.41	3.74	1.90	2.05	2.10	2.30	2.32	2.57
云南省	2.53	2.60	1.94	2.03	2.09	2.27	2.39	2.47
西藏自治区	5.39	6.47	2.20	2.40	2.66	2.89	3.43	3.79
陕西省	4.01	4.43	1.38	1.54	1.57	1.55	1.72	1.99
甘肃省	2.51	2.98	0.32	0.37	0.41	0.41	0.41	0.49
青海省	1.71	2.08	0.81	0.90	1.00	1.10	1.30	1.73
宁夏回族自治区	6.68	7.83	1.75	1.91	2.11	2.47	2.76	3.27
新疆维吾尔自治区	2.13	2.33	1.23	1.31	1.33	1.37	1.38	1.29

数据来源：由八种主要化石能源消费折算得到，化石能源数据来源于 EPS 数据平台下的中国能源数据库。

表9-2　　　　2012—2019 年中国各省（区、市）二氧化碳排放量　　　（单位：亿吨）

省份	2012	2013	2014	2015	2016	2017	2018	2019
北京市	1.31	1.19	1.23	1.20	1.13	1.11	1.14	1.13

续表

省份	2012	2013	2014	2015	2016	2017	2018	2019
天津市	2.04	2.10	2.02	2.00	1.89	1.87	1.94	1.96
河北省	9.29	9.29	8.84	9.23	9.25	9.19	9.43	9.47
山西省	7.71	7.90	8.09	9.29	9.20	9.69	10.38	10.92
内蒙古自治区	7.84	7.66	7.85	7.78	7.87	8.27	9.49	10.53
辽宁省	7.45	7.12	7.13	6.88	6.98	7.18	7.63	8.33
吉林省	2.84	2.72	2.70	2.30	2.27	2.25	2.33	2.41
黑龙江省	3.85	3.61	3.66	3.35	3.38	3.37	3.46	3.63
上海市	2.74	2.86	2.60	2.61	2.61	2.66	2.62	2.71
江苏省	7.91	8.09	8.04	8.33	8.67	8.59	8.51	8.70
浙江省	4.42	4.43	4.39	4.44	4.41	4.63	4.55	4.66
安徽省	3.52	3.80	3.92	3.93	3.92	4.05	4.22	4.25
福建省	2.57	2.50	2.85	2.75	2.58	2.72	3.01	3.21
江西省	1.92	2.05	2.09	2.18	2.20	2.25	2.35	2.40
山东省	12.05	11.68	12.50	13.75	14.40	14.80	14.71	15.08
河南省	6.27	6.17	6.24	5.88	5.81	5.68	5.70	5.26
湖北省	4.11	3.54	3.58	3.39	3.37	3.45	3.58	3.80
湖南省	3.22	3.11	3.02	3.00	3.07	3.10	3.16	3.16
广东省	6.18	6.12	6.15	6.16	6.37	6.67	6.88	6.81
广西壮族自治区	2.32	2.30	2.29	2.15	2.23	2.37	2.49	2.63
海南省	0.67	0.61	0.67	0.73	0.71	0.69	0.74	0.76
重庆市	1.77	1.53	1.64	1.43	1.48	1.52	1.53	1.55
四川省	3.63	3.71	3.84	3.28	3.23	3.16	3.10	3.32
贵州省	2.81	2.91	2.81	2.81	2.95	2.97	2.73	2.80
云南省	2.57	2.53	2.27	2.06	2.03	2.16	2.40	2.50
西藏自治区	4.35	4.61	4.86	4.81	4.90	5.05	4.94	5.37
陕西省	2.05	2.11	2.13	2.06	1.98	2.00	2.09	2.12
甘肃省	0.58	0.64	0.59	0.55	0.64	0.61	0.60	0.59
青海省	1.86	1.98	2.02	2.09	2.07	2.54	2.83	3.07
宁夏回族自治区	3.77	4.31	4.79	4.95	5.17	5.49	5.72	6.09

续表

省份	2012	2013	2014	2015	2016	2017	2018	2019
新疆维吾尔自治区	1.31	1.19	1.23	1.20	1.13	1.11	1.14	1.13

数据来源：由八种主要化石能源消费折算得到，化石能源数据来源于 EPS 数据平台下的中国能源数据库。

（2）辽宁产业结构情况

如图 9-2，2016—2020 年辽宁第一产业增加值比重基本保持稳定，第二产业增加值比重呈现出下降趋势，而第三产业增加值比重呈现出上升趋势，表明辽宁产业服务化趋势日益凸显，第二产业增加值比重的下降可为碳达峰和碳中和提供支撑。如图 9-3，辽宁规模以上重工业企业数量占规模以上工业企业数量比重始终在 70% 以上，在一定程度上显示出碳减排压力较大。

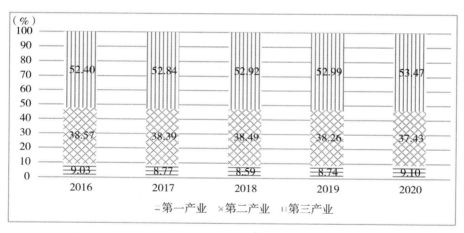

图 9-2 2016—2020 年辽宁三次产业增加值占地区生产总值比重

数据来源：根据《辽宁统计年鉴 2020》和《辽宁省 2020 年国民经济和社会发展统计公报》相关数据计算整理。

如图 9-4，辽宁规模以上工业增加值中装备制造业、石化工业和冶金工业占比相对较高，分别为 29.50%、24.10% 和 17.50%，在全省全力做好结构调整"三篇大文章"的战略部署下，工业主导产业对碳减排的潜力将得到充分挖掘，辽宁实现碳达峰目标未来可期。

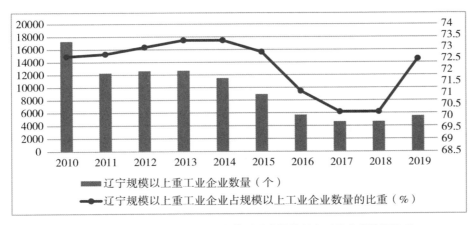

图9-3　辽宁规模以上重工业企业数量及占规模以上工业企业数量比重

数据来源：中经网产业数据库。

注：主纵坐标表示辽宁规模以上重工业企业数量（柱形图），次纵坐标表示比重（折线图）。

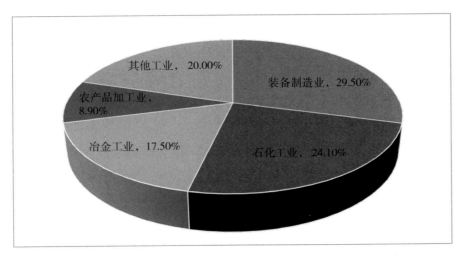

图9-4　2020年辽宁规模以上工业增加值行业构成

数据来源：《辽宁省2020年国民经济和社会发展统计公报》

　　如图9-5至图9-9，辽宁钢材、原油加工量、水泥、农用氮磷钾化学肥料和铝材产量占全国比重分别大致在5%—6%、14%—16.5%、1.5%—2.5%、0.4%—0.9%、1.5%—2.5%之间波动，钢铁、石化行业在全国占比较高，碳排放压力较大，下一步将在全省碳达峰行动中对上述行业进行"双高"项目的准入限制和碳减排约束，预计上述行业碳减排量将呈现明显下降趋势。

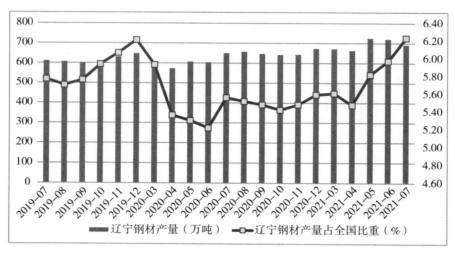

图9-5 辽宁钢材产量及占全国比重情况

数据来源：中经网产业数据库。

注：主纵坐标表示辽宁钢材产量（柱形图），次纵坐标表示比重（折线图）。

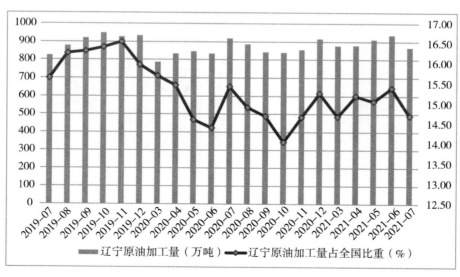

图9-6 辽宁原油加工量及占全国比重情况

数据来源：中经网产业数据库。

注：主纵坐标表示辽宁原油的加工量（柱形图），次纵坐标表示比重（折线图）。

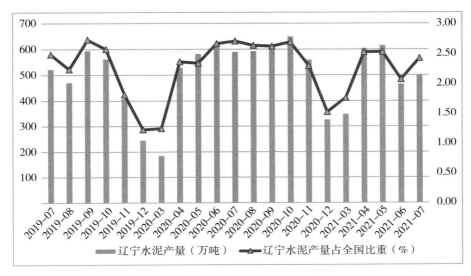

图 9-7　辽宁水泥产量及占全国比重情况

数据来源：中经网产业数据库。

注：主纵坐标表示辽宁水泥产量（柱形图），次纵坐标表示比重（折线图）。

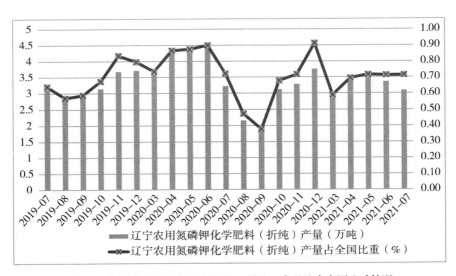

图 9-8　辽宁农用氮磷钾化学肥料（折纯）产量及占全国比重情况

数据来源：中经网产业数据库。

注：主纵坐标表示辽宁农用氮磷钾化学肥料（折纯）产量（柱形图），次纵坐标表示比重（折线图）。

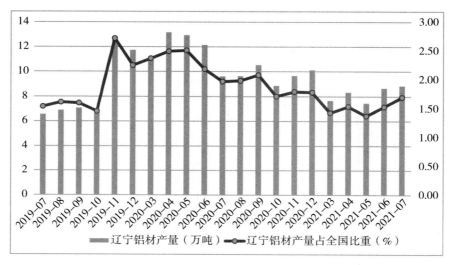

图 9-9　辽宁铝材产量及占全国比重情况

数据来源：中经网产业数据库。

注：主纵坐标表示辽宁铝材产量（柱形图），次纵坐标表示比重（折线图）。

3. 辽宁能源生产与消耗情况

如图 9-10，2012—2019 年，辽宁能源生产结构发生较大变化，能源生产总量由 2012 年的 6393.34 万吨标准煤下降至 2019 年的 4441.1 万吨标准煤；原煤生产总量占能源生产总量的比重由 2012 年的 72.8%持续下降至 2019 年的 47.8%；原油生产总量占能源生产总量的比重由 2012 年的 22.4%稳步上升至 2018 年的 34.3%，2019 年略下降至 33.9%；辽宁天然气生产总量占能源生产总量的比重在 2012—2019 年之间基本维持在 2%以内；辽宁水电、核电及其他能发电占能源生产总量的比重由 2012 年的 2.8%显著增长至 2019 年的 16.5%，辽宁能源供给结构转型取得明显成效。

如图 9-11，2012—2019 年，辽宁能源消费结构发生较大变化，能源消费总量由 2012 年的 22313.93 万吨标准煤逐步下降至 2016 年的 19677 万吨标准煤，随后从 2017 年开始稳步上升至 2019 年的 22103 万吨标准煤，大致呈现"U"形特征；煤炭消费总量占能源消费总量的比重由 2012 年的 61.3%持续下降至 2019 年的 57.9%；石油消费总量占能源消费总量的比重

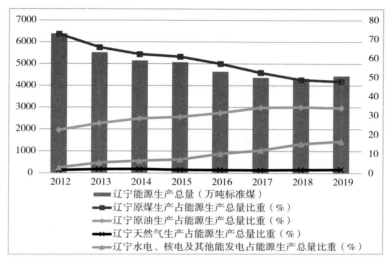

图 9-10　辽宁能源生产结构

数据来源：《辽宁统计年鉴 2020》

注：主纵坐标表示辽宁能源生产总量（柱形图），次纵坐标分别表示各类能源生产总量比重（折线图）。

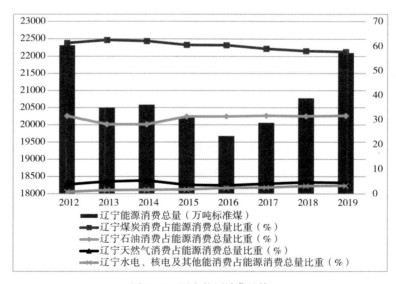

图 9-11　辽宁能源消费结构

数据来源：《辽宁统计年鉴 2020》

注：主纵坐标表示辽宁能源消费总量（柱形图），次纵坐标分别表示各类能源消费总量比重（折线图）。

基本维持在 31% 左右；辽宁天然气消费总量占能源消费总量的比重在 2012—2019 年基本维持在 3.4%—5.4%；辽宁水电、核电及其他能发电占能源生产总量的比重由 2012 年的 0.8% 显著增长至 2019 年的 3.3%，辽宁化石能源减量化和清洁能源转型取得明显成效。

二 充分发挥财政政策效能的重大意义

1. 战略意义

作为全国重要的老工业基地，辽宁实现"双碳"目标和绿色经济发展的任务艰巨，加之受长期以来体制机制束缚下市场化程度偏低和创新驱动滞后的约束，以财政支持绿色发展政策优化为引领，对于加快实现辽宁绿色经济发展具有重要的战略意义。资源型城市数量方面，辽宁拥有 6 个地级资源型城市、4 个县级市、2 个县（自治县、林区）和 3 个市辖区（开发区、管理区），分别占全国比重为 4.76%、6.45% 和 18.75%；工业结构方面，2019 年，辽宁规模以上重工业企业个数和规模以上重工业企业工业总产值占规模以上工业企业比重分别为 72.48% 和 86.50%；高碳行业发展方面，2020 年，辽宁装备制造业、石化、冶金工业占规模以上工业增加值比重达到 71.1%；化石能源消费方面，2019 年，辽宁煤炭、石油和天然气消费占能源消费总量的比重为 94.1%，高于全国平均水平 9.4 个百分点；2016 年，辽宁市场化进程总得分、政府与市场关系得分为 6.75 和 5.52，均远低于北京（9.14 和 6.12）、上海（9.93 和 8.45）、浙江（9.97 和 7.24）和广东（9.86 和 7.98）；2019 年，辽宁创新能力指数为 47.75，远低于北京（166.9）、上海（115.81）、浙江（106.35）和广东（110.67）。

2. 理论意义

引导和激励市场主体内生碳减排动力形成，是财政政策推动绿色经济发展的效能所在，厘清财政支持政策对绿色发展的作用机制，充分挖掘优化财政政策手段的依据，对于"双碳"目标下加快实现辽宁绿色经济发展具有重要的理论意义。通过财政支出、财政补贴、税收优惠和研发创新资助等财政政策手段施加在碳减排主体，能否诱发增加企业自身减排直接投入或创新投入，引致化石能源消费减量化、清洁能源生产消费比重提升，推动产业结构、能源结构低碳化发展，关乎财政政策的碳减排和绿色经济发展效果。尤其是须分别针对不同城市不同产业结构禀赋特征和能源结构特征，结合"双碳"目标下减排重点领域和主体的市场反应，给予不同类型的财政支持手段，确保产生最佳减排效果。因此，研究财政政策对绿色经济发展的作用机制及效能，对于加快实现"双碳"目标下辽宁经济绿色发展的理论意义重大。

3. 现实意义

充分审视"双碳"目标下辽宁财政支持绿色经济发展的主要情况、现实问题及成因，对于因地制宜调整和优化财政支持手段，加快实现"双碳"目标和绿色经济发展具有直接的现实意义。一方面，通过系统梳理辽宁对绿色经济发展财政支持政策文本与财政税收相关数据、碳排放和污染物减排数据，从统计意义上甄别财政政策对绿色经济发展的影响特征，为从宏观上调整优化财政支持政策提供现实依据；另一方面，对典型国外财政政策支持低碳绿色发展的成功经验进行研究，从财政政策作用下的减排主体运行实践的层面，为调整优化财政政策手段奠定可参考的范本基础，并深挖财政政策支持绿色经济发展是否存在偏差或问题，从实际操作视阈剖析偏差形成的根本原因。综上，从宏观和国际经验两个层面，为厘清财政政策支持绿色经济发展的现状、问题和成因，对于"双碳"目标下完善促进绿色经济发展的财政政策体系具有重大的现实意义。

第二节 "双碳"目标下辽宁财政支持绿色经济发展的主要情况分析

本章主要从辽宁财政支持绿色经济发展的政策实施情况、辽宁绿色发展的财政支出和税收情况等维度系统总结辽宁财政支出绿色发展的主要情况，为发掘存在的主要问题和提出相关对策摸清现状基础。

一 辽宁财政支持绿色经济发展的政策实施情况

1. 绿色经济发展重点领域的财政政策

财政支持绿色经济发展政策制定实施方面，主要集中在生态功能区、农村环境整治、林业生态保护、农业生态保护和环境保护税省市分享体制等领域。财政政策实施的具体操作上涉及补助资金的测算分配、资金支持范围选取、补助标准制定、补助资金支持方式、税收体制改革等。表9-3显示的是近年来辽宁绿色经济发展重点领域的财政政策梳理及政策要点，可以看出，财政政策发挥作用仅局限于以财政支持手段本身，且主要集中于生态修复、农业和林业等方面，对传统工业节能减排与清洁能源发展等重要领域缺少关注度。

表9-3 辽宁绿色经济发展重点领域的财政政策

辽宁省财政支持绿色经济发展相关政策文件名称	政策要点
《关于印发辽宁省中央重点生态功能区转移支付资金管理办法的通知》	1. 根据国家级重点生态功能区所属县（市、区）生态保护区面积、生态环境质量指数和财政困难程度系数，对应40%、30%和30%权重测算补助资金 2. 根据国家级自然保护区、国家森林公园的核心区、缓冲区、实验区面积，对应50%、30%和20%权重测算补助资金 3. 根据跨市地表水饮用水水源保护区面积（一级、二级、准保护区）、水质、跨市供水量，对应50%（25%、15%和10%）、25%、25%的权重测算补助资金
《关于印发辽宁省农村环境整治专项资金管理办法的通知》	整治资金支持范围主要包括：农村污水处理、农村垃圾处理、规模化以下畜禽养殖污染治理、农村饮用水水源地环境保护，水源涵养及生态带建设等
《关于印发辽宁省林业生态保护恢复资金管理暂行办法的通知》	1. 完善退耕还林政策现金补助标准为：每亩退耕地补助90元。补助期限为：还生态林补助8年，还经济林补助5年 2. 新一轮退耕还林还草补助标准为：退耕还林每亩退耕地现金补助1200元，五年内分三次下达，第一年500元，第三年300元，第五年400元；退耕还草每亩退耕地现金补助850元，三年内分两次下达，第一年450元，第三年400元

续表

辽宁省财政支持绿色经济 发展相关政策文件名称	政策要点
《省财政厅　省农业农村厅关于印发辽宁省农业相关转移支付资金管理实施细则的通知》《辽宁省农业资源及生态保护补助资金管理实施细则》	农业资源及生态保护补助资金可以采取直接补助、政府购买服务、贴息、先建后补、以奖代补、资产折股量化、担保补助等支持方式。具体由各市财政部门商农业农村主管部门确定
《辽宁省人民政府关于明确环境保护税省与市分享体制的通知》	按照国家关于环境保护税全部为地方收入的规定，结合我省实际，确定我省环境保护税为省与市共享收入，实行属地征管、属地入库，省与市按总额2∶8比例分享，沈抚新区除外
《辽宁省人民政府办公厅关于印发辽宁省生态环境领域省与市财政事权和支出责任划分改革方案的通知》	将我省生态环境领域财政事权和支出责任分别划分为省级财政事权、省与市共同财政事权、市财政事权3大类。原则上将受益范围覆盖全省的生态环境事务确认为省级财政事权，由省承担支出责任；将省统一安排各级政府共同落实的事项、跨区域跨流域以及重点区域的事项确认为省和市共同财政事权，由省与市共同承担支出责任；将市域范围内的生态环境领域事务确认为市财政事权，由市承担支出责任

资料来源：根据辽宁省财政厅、辽宁省人民政府官方网站公开文件整理。

2. 财政支持绿色低碳发展的制度与政策分类

辽宁财政支持绿色低碳发展的制度与政策主要体现在：完善重点生态功能区财政纵向生态保护补偿制度、政府绿色采购和激励约束并存的减污降碳补贴政策（如表9-4所示）。

表9-4　　　　辽宁财政支持绿色低碳发展的制度与政策分类

辽宁财政支持绿色低碳 发展的制度与政策文件名称	政策要点
《辽宁省重点生态功能区生态保护补偿方案》	在碳与碳汇贡献方面，选取森林覆盖率、森林蓄积量、森林蓄积量增量三个指标，占据40%的权重，以此充分反映有效保护森林资源对促进固碳和增加水源涵养方面的贡献

续表

辽宁财政支持绿色低碳 发展的制度与政策文件名称	政策要点
《关于修订辽宁省政府采购货物和服务类项目有关文件范本的通知》	落实政府采购节能环保产品的相关政策，将优先采购和强制采购节能（节水）、环境标志产品的相关要求纳入到采购文件范本，有效指导采购人及采购代理机构落实好政府绿色采购政策，以此推动节能低碳环保产业的发展
《辽宁省淘汰燃煤小锅炉工作考核奖惩办法》《辽宁省散煤替代工作考核奖惩办法》	从能源转型和"去煤"角度建立奖励、惩戒和约谈制度，从正反两方面引导政府切实履行减污降碳主体责任，形成"政府补贴、居民合理负担、共享共治"的建运管长效机制，以此实现大气污染治理和碳减排的目标

资料来源：根据辽宁省财政厅相关文件整理。

二 辽宁绿色经济发展的财政支出情况

1. 辽宁绿色经济发展的财政支出规模

辽宁在绿色经济发展的财政支出方面，坚持"绿水青山就是金山银山"的发展理念，在立足省内资源与环境生态禀赋特征基础上，财政支出着眼于协同推进污染治理、生态修复和民生改善的发展目标，取得明显的绿色发展绩效。2018 年，辽宁在水、土壤和大气污染治理等领域投入 17.3 亿元，在矿山、土地、草原生态恢复等领域支出 26.9 亿元，在重点生态保护区补偿政策的落实方面支出 4.8 亿元，实现了污染治理、环境修复与民生改善的多重目标。2021 年，辽宁统筹中央和省相关资金 6.67 亿元集中用于辽东绿色经济区的生态保护补偿，占比达到 74%。如图 9-12 所示，2007—2015 年，辽宁地方财政节能环保支出规模总体上呈现出波动中有所上升态势，2016 年和 2018 年出现比较明显的短暂下滑，2019 年达到 129.73 亿元，占地方财政一般预算支出比重为 2.26%。

· 170 ·

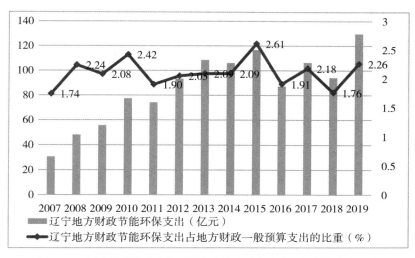

图 9-12　辽宁地方财政节能环保支出及占地方财政一般预算支出比重

数据来源：《中国财政年鉴 2008—2020》。

注：主纵坐标表示辽宁地方财政节能环保支出（柱形图），次纵坐标表示比重（折线图）。

2. 辽宁各地级及以上城市节能环保公共财政支出

作为财政支持绿色经济发展的重要依托，城市节能环保公共财政支出情况反映了对绿色低碳经济发展的财政支出强度。沈阳和大连作为辽宁双核城市，节能环保公共财政支出规模相对其他地级市较高，辽宁其他地级市节能环保公共财政支出强度普遍较低（如表 9-5 所示）。

表 9-5　　**2012—2019 年辽宁地级及以上城市节能环保公共财政支出**　（单位：亿元）

城市	2012	2013	2014	2015	2016	2017	2018	2019
沈阳	—	18.37	19.69	28.66	27.65	32.82	34.49	40.10
大连	—	—	—	17.75	16.32	25.96	26.59	27.19
鞍山	3.90	—	2.83	5.11	2.85	3.39	2.20	9.47
抚顺	5.70	7.80	6.70	5.60	3.04	3.14	3.23	4.28
本溪	6.30	4.90	4.60	—	—	—	—	2.90
丹东	3.70	6.60	11.10	4.61	6.84	1.95	3.35	6.30
锦州	—	—	4.60	5.43	—	2.67	3.39	5.74

续表

城市	2012	2013	2014	2015	2016	2017	2018	2019
营口	3.10	3.80	2.30	1.00	1.20	1.20	2.66	2.61
阜新	—	8.30	—	3.17	1.88	3.06	2.28	3.79
辽阳	3.50	3.80	2.18	1.83	1.43	1.12	1.76	3.59
盘锦	5.30	4.00	5.40	3.84	2.56	5.26	3.50	4.30
铁岭	—	—	—	7.47	3.73	2.13	2.03	6.39
朝阳	—	—	—	8.30	3.58	5.34	4.66	5.50
葫芦岛	2.00	2.40	1.92	2.98	1.10	2.13	1.79	4.91

数据来源：WIND 资讯金融终端。

注："—"表示数据缺失。

作为支撑绿色经济发展的关键抓手，城市科学技术公共财政支出情况反映了对以创新为载体推进绿色低碳经济发展的财政支出强度。沈阳和大连科学技术公共财政支出规模相对其他地级市较高，辽宁其他地级市科学技术公共财政支出强度普遍较低（如表9-6所示）。

表9-6　　　2012—2019年辽宁地级及以上城市科学技术公共财政支出　（单位：亿元）

城市	2012	2013	2014	2015	2016	2017	2018	2019
沈阳	24.78	27.79	26.56	23.45	22.39	16.17	18.11	19.90
大连	—	—	—	18.28	20.55	12.19	35.66	27.49
鞍山	2.60	3.00	4.49	2.30	1.16	1.55	0.93	1.24
抚顺	2.50	2.70	2.70	1.50	0.43	0.25	0.39	0.29
本溪	2.40	2.63	3.02	3.67	1.34	0.63	0.28	0.22
丹东	1.40	2.30	1.70	1.43	1.00	0.93	0.96	0.39
锦州	2.40	2.60	2.58	0.88	1.20	2.39	1.42	4.94
营口	3.30	3.90	3.90	0.80	0.40	0.50	0.42	1.09
阜新	1.20	1.30	—	0.40	0.31	0.28	0.20	0.27
辽阳	2.00	2.10	2.17	0.91	0.60	0.50	0.56	0.58
盘锦	1.80	2.20	2.00	1.19	1.26	0.91	0.65	0.57
铁岭	—	—	—	1.05	0.95	0.79	0.78	0.89

续表

城市	2012	2013	2014	2015	2016	2017	2018	2019
朝阳	2.07	2.20	1.70	0.50	0.34	0.38	0.44	0.39
葫芦岛	—	1.70	2.29	0.68	0.26	0.29	1.24	0.35

数据来源：WIND 资讯金融终端。

注："—"表示数据缺失。

三　辽宁财政支持绿色经济发展的税收情况

1. 辽宁环境保护税法实施情况

环境保护税方面，通过对碳排放企业进行征税的方式提高企业生产成本，进而倒逼企业进行绿色技术创新，成为财政支持绿色发展的一种政策手段。《中华人民共和国环境保护税法》已由中华人民共和国第十二届全国人民代表大会常务委员会第二十五次会议于 2016 年 12 月 25 日通过，自 2018 年 1 月 1 日起施行。从图 9-13 关于 2018 年辽宁环境保护税征收情况看，由于是刚启动环境保护税，各省市税收规模普遍较小，环境税收规模在 10 亿元以上的省份仅为江苏、山东、河北、山西和河南等五个省份，其余省市环境保护税收规模普遍在 5 亿元以下，辽宁环境保护税额为 4.49 亿

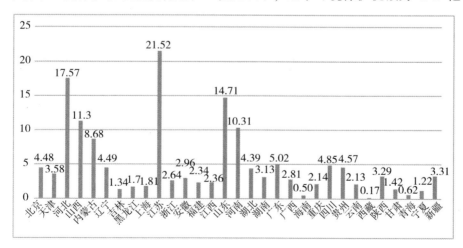

图 9-13　2018 年中国各省市环境保护税征收情况

数据来源：《中国财政年鉴 2019》。

元。2019 年和 2020 年辽宁环境保护税收入分别为 5.9 亿元和 6 亿元，呈现出逐年增长态势。从图 9-14 关于 2018 年计划单列市环境保护税征收情况看，大连位列第二位，仅次于青岛。预计随着相关税收政策的日臻完善和市场机制的发展成熟，碳减排相关的税收政策将在节能减排中发挥重要作用。

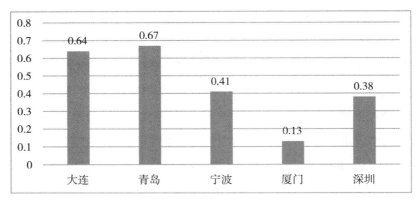

图 9-14   2018 年中国计划单列市环境保护税征收情况（单位：亿元）

数据来源：《中国财政年鉴 2019》。

2. 辽宁其他碳减排税收政策实施情况

碳减排税收政策类型主要包括资源税、车船税、增值税和企业所得税收，政策作用的基本原理是通过减税鼓励符合条件的企业加大减排投入或使用清洁生产技术、装备，以促进碳减排绩效的提升，其他碳减排税收政策及实施情况参见表 9-7。

表 9-7   辽宁其他碳减排税收政策类型及实施情况

碳减排税收政策类型	政策实施情况
资源税	2020 年 8 月，省人大通过《辽宁省实施资源税法授权事项方案》，确定了资源税税目和税率、计征方式与减免相关政策，特别是对于国家和省级绿色矿山的尾矿免征资源税
车船税	2011 年 11 月，省政府通过《辽宁省车船税实施办法》；省财政厅、省税务局和中国保监会辽宁监管局印发《辽宁省车船税征收管理暂行规定》，对有利于节约能源和使用新能源的车辆免征或者减半征收车船税，以此引导绿色消费方式

续表

碳减排税收政策类型	政策实施情况
增值税	采用增值税优惠政策对绿色环保行为予以税收优惠
企业所得税	采用企业所得税优惠政策对绿色环保行为予以税收优惠，包括环保企业或项目、购置环保设备的企业、从事污染防治的第三方企业、生产环节鼓励企业加大治污投入强度

资料来源：根据辽宁省财政厅提供的相关资料整理。

四　辽宁绿色经济发展成效

绿色经济发展成效主要包括污染防治与减排、绿化与生态建设等方面，近年来辽宁以深度调整产业结构、加大科技创新投入为抓手，取得了良好的绿色发展成效。

1. 辽宁污染减排进展

图9-15显示的是2010—2019年辽宁工业废气和工业烟粉尘排放量情况，辽宁工业废气排放量在2017年达到50000亿标立方米以上，其余年份在波动中上升，于2019年达到43162.9亿标立方米，辽宁工业烟粉尘排放量于2014年达到95.8万吨，2015年至2019年呈现出明显的下降趋势，2019年下降至31.5万吨。图9-16显示的是辽宁地级及以上城市废气治理设施数和工业废气排放总量情况，沈阳、大连、鞍山、营口废气治理设施数位列全省前列，朝阳和营口工业废气排放总量位居全省前列，特别是朝阳在废气治理设施数明显偏少的情况下，工业废气排放总量全省最高，表明朝阳在废气治理设施方面的投入存在较大短板。图9-17显示的是辽宁城市建成区绿化覆盖面积与绿化覆盖率情况，辽宁城市建成区绿化覆盖面积呈现出逐年稳定增长态势，城市建成区绿化覆盖率在2016年出现明显的短暂下滑，随后于2019年回升至40.76%。表9-8显示的是2013—2019年辽宁森林面积及森林覆盖率情况，2013—2017年辽宁森林面积及森林覆盖率无变化，2018年森林覆盖率提升1个百分点，辽宁总体森林覆盖率远高于全国平均水平。图9-18显示的是辽宁太阳能、风力和核能发电量情况，三类发电量均呈现明显上升趋势，其中，核能发电量规模最大，风力发电量其次，太阳能发电量规模虽小，但增速较快。

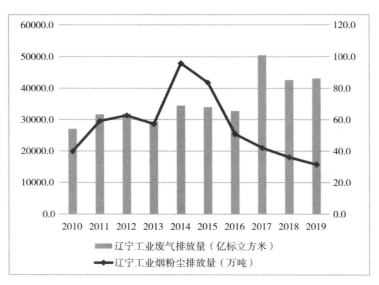

图 9-15　辽宁工业废气和工业烟粉尘排放量

数据来源：《辽宁统计年鉴 2020》。

注：主纵坐标表示辽宁工业废气排放量（柱形图），次纵坐标表示辽宁工业烟粉尘排放量（折线图）。

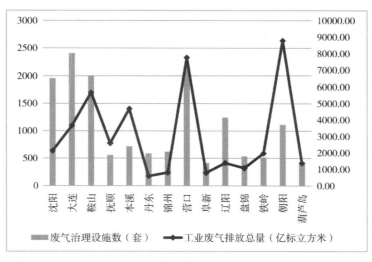

图 9-16　辽宁地级及以上城市废气治理设施数和工业废气排放总量

数据来源：《辽宁统计年鉴 2020》。

注：主纵坐标表示废气治理设施数（柱形图），次纵坐标表示工业废气排放总量（折线图）。

2. 绿色生态辽宁建设进展

生态辽宁建设的中心工作在于提高绿化及森林覆盖率，辽宁城市建成区绿化覆盖面积及绿化覆盖率总体呈现出快速发展态势，风能、核能、太阳能等能源转型步伐加快，为绿色生态辽宁建设注入了强大动力和支撑。

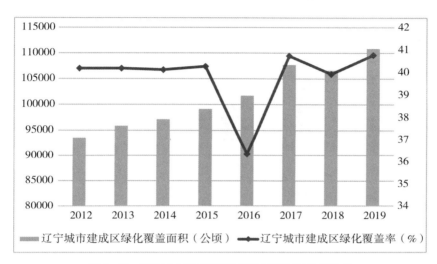

图 9-17　辽宁城市建成区绿化覆盖面积与绿化覆盖率

数据来源：WIND 资讯金融终端。

注：主纵坐标表示辽宁城市建成区绿化覆盖面积（柱形图），次纵坐标表示辽宁城市建成区绿化覆盖率（折线图）。

表 9-8　　　　　　　**2013—2019 年辽宁森林面积及森林覆盖率情况**

年份	辽宁森林面积（万公顷）	辽宁人工林面积（万公顷）	辽宁森林覆盖率（%）	中国森林覆盖率（%）
2013	557.31	307.08	38.24	21.63
2014	557.31	307.08	38.24	21.63
2015	557.31	307.08	38.24	21.63
2016	557.31	307.08	38.24	21.63
2017	557.31	307.08	38.24	21.63
2018	571.83	315.32	39.24	22.96
2019	571.83	315.32	39.24	22.96

数据来源：WIND 资讯金融终端。

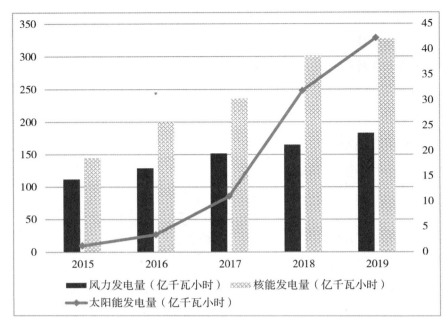

图9-18 辽宁太阳能、风力和核能发电量

数据来源：《中国能源统计年鉴2020》。

注：主纵坐标表示风力和核能发电量（柱形图），次纵坐标表示太阳能发电量（折线图）。

第三节 "双碳"目标下辽宁财政支持绿色经济发展存在的主要问题及成因分析

本节主要从辽宁财政支持政策的作用模式与效果、财政政策发挥作用的市场机制保障和碳排放核算体系等维度深入分析辽宁财政支持绿色经济发展存在的主要问题及成因，为提出相关针对性优化政策提供问题导向。

一 财政政策的引导、撬动和放大作用不强

1. 财政政策支持模式有待优化

推动"碳达峰""碳中和"与辽宁绿色经济发展进程中政府与市场的关系尚未完全理顺，财政支持绿色经济发展的方式陈旧，政策体系有待完

善，财政政策促进绿色经济发展的引导、撬动和放大作用不强，尤其是社会资金对绿色技术创新领域的投入力度较弱，没有形成企业为主体、市场为导向的节能减排模式。能源结构调整和产业结构调整是实现"双碳"和绿色经济发展目标的关键环节，一方面，我省支持绿色经济发展的政策体系仅局限于"点对点"落实财政资金补贴、税收等传统途径，没有形成引导社会资金投入到绿色发展领域的信号效应，导致财政政策支持力度偏弱，难以撬动全社会参与的合力；另一方面，我省尚未形成规范的绿色技术市场，绿色技术创新政策体系不完备，特别是对企业进行绿色技术创新的财政支持力度较弱；此外，由于我省属于典型的老工业基地，资源型城市所拥有的丰富资源在一定程度上对技术创新产生了"挤出效应"，弱化了绿色技术创新动力。

2. 财政投入与税收政策效应亟待加强

2020 年，全国节能环保支出为 6317 亿元，占一般公共预算支出的比重为 2.6%，占 GDP 比重为 0.6%，而我省节能环保支出占一般公共预算支出的比重为 1.6%，占 GDP 比重为 0.4%，我省节能环保支出强度均低于全国平均水平，因此，我省在节能降碳、推动碳达峰和碳中和方面的财政投入强度有较大的提升空间，以此更大幅度推动市场在绿色发展中的激励作用。此外，我省环境保护税、资源税、车船税、企业所得税减免等促进减排的税收政策的税率相对较低，征收模式也亟待进行优化和全面覆盖，还须对税收征收依据、过程进行有效有力的监管，确保税收政策发挥应有之义。

二　减碳与绿色经济发展缺乏高效的市场机制保障

1. 辽宁总体市场化程度有待进一步提高

受长期以来体制机制障碍束缚，推动"碳达峰""碳中和"与绿色经济发展的碳交易、碳定价与碳市场发育滞后，阻碍了不同行业碳减排动力发挥和减排绩效实现。表 9-9 显示的是 2012—2020 年中国 31 个省（区、市）市场化指数情况，可以看出，辽宁市场化指数逐年稳步增长，大致位列全国第十位左右。

表9-9 2012—2020年中国各省（区、市）市场化指数

省份	2012	2013	2014	2015	2016	2017	2018	2019	2020
北京市	4.84	5.08	5.32	5.72	6.13	6.28	6.43	6.59	6.74
天津市	8.15	8.23	8.32	8.28	8.24	8.51	8.78	9.05	9.32
河北省	6.06	6.34	6.63	6.75	6.88	7.07	7.26	7.46	7.65
山西省	5.51	5.56	5.62	5.59	5.56	5.73	5.90	6.07	6.24
内蒙古自治区	5.01	5.32	5.63	5.66	5.69	5.89	6.10	6.30	6.50
辽宁省	**6.73**	**6.92**	**7.11**	**7.28**	**7.45**	**7.62**	**7.79**	**7.97**	**8.14**
吉林省	5.27	5.23	5.19	5.62	6.06	6.27	6.49	6.70	6.91
黑龙江省	4.47	4.62	4.78	4.9	5.03	5.23	5.43	5.64	5.84
上海市	9.03	8.91	8.8	8.86	8.93	8.99	9.05	9.11	9.17
江苏省	8.98	9.23	9.49	9.66	9.83	10.02	10.20	10.39	10.57
浙江省	9.93	9.99	10.06	10.09	10.12	10.19	10.25	10.32	10.38
安徽省	5.21	5.7	6.19	6.35	6.52	6.78	7.04	7.31	7.57
福建省	9.51	9.57	9.64	10.02	10.4	10.59	10.79	10.98	11.17
江西省	6.45	6.73	7.01	7.36	7.72	8.03	8.34	8.64	8.95
山东省	6.95	7.26	7.58	7.69	7.8	7.90	8.00	8.10	8.20
河南省	5.86	6.25	6.65	6.83	7.02	7.26	7.51	7.75	7.99
湖北省	5.56	5.62	5.69	5.73	5.78	5.92	6.07	6.21	6.36
湖南省	5.41	5.68	5.96	6.25	6.54	6.76	6.98	7.20	7.42
广东省	8.68	8.92	9.17	9.26	9.36	9.48	9.60	9.72	9.84
广西壮族自治区	6.23	6.33	6.44	6.57	6.71	6.99	7.26	7.54	7.81
海南省	5.07	5.34	5.61	5.3	4.99	4.98	4.96	4.95	4.94
重庆市	7.31	7.39	7.47	7.56	7.65	7.81	7.97	8.12	8.28
四川省	5.59	5.83	6.07	6	5.93	6.10	6.27	6.45	6.62
贵州省	4.27	4.75	5.23	5.46	5.69	6.02	6.35	6.68	7.01
云南省	4.75	4.93	5.11	5.05	4.99	5.07	5.15	5.23	5.31
西藏自治区	0	0.39	0.78	0.9	1.02	1.13	1.23	1.34	1.45
陕西省	4.01	4.24	4.48	4.56	4.65	4.78	4.91	5.04	5.17

续表

省份	2012	2013	2014	2015	2016	2017	2018	2019	2020
甘肃省	3.23	3.75	4.27	4.5	4.73	4.98	5.22	5.47	5.71
青海省	2.88	3	3.13	3.41	3.69	3.91	4.13	4.35	4.57
宁夏回族自治区	5.67	6.02	6.38	6.45	6.52	6.81	7.10	7.38	7.67
新疆维吾尔自治区	4.15	4.35	4.55	4.59	4.64	4.92	5.20	5.48	5.76

资料来源：王小鲁、樊纲、胡李鹏：《中国分省份市场化指数报告（2018）》，社会科学文献出版社，并采取均值插值法和均差外推法计算补充。

2. 辽宁碳交易市场发育相对滞后

《沈阳市碳排放权交易管理办法》已于 2021 年 9 月 1 日正式实施，沈阳市碳排放权交易市场面向全社会开放。这是辽宁利用市场机制控制和减少温室气体排放，推动城市绿色提点发展的一项制度创新，是实现城市碳达峰，碳中和的重要工具，同时也成为东北地区首家碳排放权交易市场。

图 9-19 显示的是 2014—2020 年中国碳交易成交量及同比增长率情况，2014—2017 年中国碳交易量呈现出明显上升趋势，2018—2019 年呈现出短

图 9-19 2014—2020 年中国碳交易成交量及同比增长率

数据来源：中国碳交易网、国金证券研究所。

注：主纵坐标表示中国碳交易成交量（柱形图），次纵坐标表示同比增长率（折线图）。

暂下滑，随后迅速得到回升。图 9-20 显示的是中国八大试点市场碳交易成交总量占比情况，其中，湖北和广东占比均超过 32%，其次为深圳 11.23%，其余五个试点城市均在 10%以下。表 9-10 显示的是中国碳交易市场各试点地区配额均价情况，其中，北京 2020 年配额均价达到89.49 元/吨，其余城市均在 40 元/吨以下，特别是深圳和福建均价下降趋势明显。

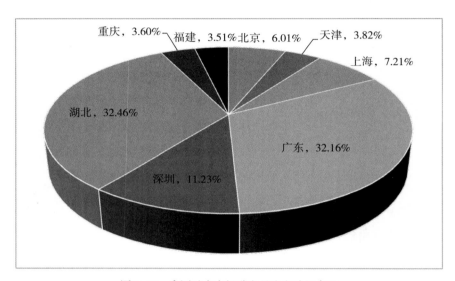

图 9-20 中国试点市场碳交易成交总量占比

数据来源：中国碳交易网、国金证券研究所。

表 9-10　　　　　　　中国碳交易市场各试点地区配额均价　　　　（单位：元/吨）

年份	北京	天津	上海	广东	深圳	湖北	重庆	福建
2014	59.6	20.29	38.01	53.28	61.9	18.49	30.74	
2015	46.66	13.98	23.72	16.44	38.11	25.04	18.31	
2016	48.97	9.32	8.06	11.44	26.06	16.83	7.97	
2017	49.76	8.89	34.79	13.68	14.05	14.04	2.89	28.24
2018	57.87	12.89	37.51	22.15	27.77	22.47	4.33	18.59
2019	83.27	12.6	41.86	22.36	14.96	29.46	24.88	17.15
2020	89.49	26.1	39.86	27.01	20.05	27.7	21.07	17.54

数据来源：中国碳交易网、国金证券研究所。

三　"双碳"目标与绿色经济发展的统计核算体系不健全

1. 辽宁重点地区与行业碳排放核算体系不健全

我省尚未出台重点地区和行业二氧化碳排放核算和报告要求，缺乏碳减排潜力测算与目标分解，"碳达峰""碳中和"责任清单不明确。减碳的重点领域主要包括遏制传统"两高"项目和提升清洁能源比重。辽宁暂未将碳减排目标下放至各市，而各市的经济发展水平、产业结构、创新能力和碳减排潜力均存在着较大的差异性，各市高能耗高排放产业与其碳减排约束目标之间没有清晰的定量标准，使得行业发展与"双碳"目标的实现之间缺乏客观评价、动态调整和优化机制，从而阻碍了我省产业合理布局与尽早实现"双碳"目标的可控性，不利于把握碳减排力度与明确产业发展方向。

2. 辽宁财政压力缓解亟待与经济结构调整相适应

受辽宁基层财政"三保"支出压力、养老金缺口等因素的多重影响，辽宁财政运行面临着较大的困难，同时受"双碳"目标下经济社会系统的深度调整所带来的财政收入下降，加之减税降费等政策对财政收入的影响，辽宁财政用于绿色发展领域的财力面临着较大的压力，如何有效缓解财政压力，与"双碳"和绿色经济发展的目标要求相适应，是辽宁财政面临的突出问题。

第四节　财政政策支持绿色经济发展的国际经验及启示

本节选取的国际典型低碳经济国家是英国、日本、美国、德国。这些国家都是发达国家，经历多次工业革命的发展演进，工业体系较为成熟。工业革命早期经济迅速发展，后期带来资源浪费、环境污染等问题，但经过出台一系列的支持绿色发展和低碳经济的财政支出、补贴、税收与税收优惠、政府采购、财政预算与投资等政策举措，有力地推动了产业转型，在碳减排和绿色经济发展领域，对于辽宁制定财政支持绿色经济发展具有重要的参考价值。

一　英国

为应对全球能源安全和气候变暖威胁，英国率先提出低碳经济发展模式，在节能减排、可再生能源发展等方面取得显著成效。2003年，英国发布《能源白皮书》，提出能源转型规划。2008年发布了以温室气体减排为目标的《气候变化法案》，成立能源与气候变化部。2009年发布了《低碳经济转型发展规划》，首次引入 CO_2 减排量化指标，形成"碳预算"体系，严格控制碳排放。2011年改革《可再生能源义务政策》，进一步加快可再生能源行业的发展进程。2019年更新《气候变化法案》（《2050年目标修订案》），将原法案中的2050年温室气体减少80%的目标改为了100%，也就是实现净零碳排放。英国在绿色经济发展领域已形成了有效的财政政策体系，大致可归纳为以下几个方面：

1. 财政支出、补贴

英国政府对新能源的开发与应用投入了大量补贴资金。对电力企业提供财政补贴，并规定太阳能、风能等可再生能源的供电比例，促使可再生能源发电稳步增加。英国政府发布的英国能源统计年鉴显示，2020年全国发电量中有43.1%来自太阳能光伏、风能、水能、生物质能、波浪能和潮汐能等可再生能源，首次超过了化石燃料的发电量（占比37.8%）。对购买节能发电系统、新能源产品的机构及个人提供补助，同时采取配套税收优惠政策，如对于购买新能源汽车消费者给予汽车补贴政策，同时免征燃油税。在新能源开发方面，实施"可再生能源计划"，加大清洁能源研发资金投入力度，2004年，为开发海洋能源投入5000万英镑专项资金、投资建立"欧洲海洋能量中心"助力海洋能源技术与设备研发。2010年，在可再生能源方面投入接近370亿英镑。2016年英国政府提出将在本届议会期间每年投资7.3亿英镑支持可再生能源发展。

2. 税收与税收优惠

英国环境税制主要涵盖能源、污染、运输和资源四个方面，包括气候变化税、填埋税、航空旅客税、集料税等。气候变化税的征收对象是使用燃料的工商业、农业及公共部门；航空旅客税是对乘坐由英国机场起飞航班的消费者征收的税；填埋税是对垃圾填埋场的废弃物征收的税；集料税是由于商业目的开采集料（岩石、砾石或沙子）时每吨应缴的税。在征收气候变化税的前提下，对于可再生能源设置税收优惠政策，针对是否属于可再生能源采取差异税率，若由可再生能源产生的电，则实行零税率；对于开发与应用可再生能源的企业采取税收减免政策。

3. 政府采购

英国政府重视政府采购的低碳性。政府购买标准主要包括两方面：一是购买绿色环保产品和服务，二是管理供应商供应链，检测碳排放量，寻找耗能最小、环境损害最小的供应渠道。由英国环境、食品和农村事务处（Defra）制定采购产品规格标准，不断扩大节能环保产品的范围，对于打印机、空调、照明设备等采购更节能、更高效的产品，并且建立节能环保产品监督审查制度。

4. 财政预算、投资

为提高碳管理，促进低碳转型进程，2008 年英国政府通过了《气候变化法案》，制定了世界上第一个碳预算，以五年为一个时段，设立三个碳排放周期，分别为 2008—2012 年、2013—2017 年以及 2018—2022 年，并设立了具有法律约束力的减排目标。为完成目标，英国政府将大量财政资金投入碳减排领域。《预算 2009》投资 104 亿英镑用于低碳技术研发和节能减排示范项目。《预算 2010》投入高达 6000 万英镑用于开发港口来支持意图在英国建立新设施的海上风力涡轮制造商。

二　日本

日本作为一个岛国，能源匮乏，因此格外重视新能源开发，重视低碳经济，20 世纪 70 年代日本就已开发石油替代能源。1998 年制定了首部应对气候变化的法律《全球气候变暖对策推进法》，制定达成《京都议定书》承诺的相关目标的同时，制定促进温室气体减排目标的相关对策。2006 年经济产业省出台了《国家能源新战略》，制定了 2030 年前新能源领域需要实现的目标，大力发展太阳能、风能及燃料电池等新能源，力图使石油占能源消费总量的比例达到 40%。2008 年发布了《建设低碳社会行动计划》，开发碳捕捉及封存技术以降低二氧化碳处理成本。2018 年，经济产业省发布了《能源基本计划》（第五期）明确未来发展方向为减缓核电发展，降低对于化石燃料的依赖，全力发展可再生能源，推进能源结构转型。2020 年国会参议院通过修订的《全球气候变暖对策推进法》，明确宣布日本到 2050 年实现碳中和的目标。从低碳发展历程来看，日本在绿色财政方面有许多值得借鉴的地方，主要包括：

1. 财政支出、补贴

为促进新能源产业的发展，日本政府设立节能减排技术研发专项资金，对于进行节能技术研发、节能设备改造的企业、使用清洁能源的建筑商给予资金补贴。对于使用节能家电产品的居民予以补助，以补贴车价方式促进新能源汽车的购买。推行环保积分制度，居民与企业购买节能产品将获得环保积分，积分可用于购买产品，以此来激励环保行为。

2. 税收与税收优惠

日本最初的环境保护政策主要是对汽车、工业企业废弃物、燃料（天然气、煤气、原油等）以及环保设备征税，2007 年实行碳税征收政策，设定每排放一吨二氧化碳征收 2400 日元；2012 年，为响应国家温室气体排放减排目标，日本环境省改革碳税征收方式及相应税率，将碳税改为对煤炭、石油、天然气征税，针对不同的能源课征不同税率。同时为了鼓励消费者和企业购买和使用节能环保产品，实行多种税收优惠政策，企业购买清洁生产设备、塑料制品再生设备、资源循环化设备时，政府将采用固定资产税、特别折旧等税收优惠政策，从而降低企业成本压力，提高企业节能减排积极性。对于消费者而言，如果消费者购买清洁能源汽车，则可免征车辆购置税、重量税等相关税收。

3. 政府采购

1994 年日本制订了绿色政府行动计划，实行绿色政府采购政策，鼓励购买绿色产品。1996 年成立日本绿色采购网络联盟（Green Procurement Net，GPN）促进绿色采购的完成。2000 年出台《绿色采购法》，要求中央和地方均制订并实施绿色政府采购计划。2020 年颁布了最新的方针，列明了纸类、办公设备、灭火器、汽车、电脑及配件、移动电话、垃圾袋、影像设备、空调类、制服等 22 种类别产品的绿色采购标准及相关注意事项，并对不同品类产品采用不同的审查流程，通过行业协会协调完善绿色采购执行机制。

4. 财政预算、投资

由于资源贫乏，日本实行以节能技术为主导的低碳技术发展路线，重视节能技术研发，在新能源开发与技术开发领域投入大量资金，大力发展风能、潮汐能、氢能、太阳能等新能源。国际能源机构（International Energy Agency，IEA）数据显示，日本可再生能源研发预算由 1990 年的 1.3 亿美元增加为 4.2 亿美元，对于能源技术研发的重视程度越来越高。

三　美国

美国是当今世界第一大经济体，也是温室气体排放第一大国。1999 年《京都议定书》面世，2007 年美国退出《京都议定书》，2017 年退出《巴黎协定》，但美国绿色低碳发展的决心从未改变。2005 年颁布《国家能源政策法》，法案的颁布加强了低碳经济的法律保护和约束作用。2007 年出台《低碳经济法案》，健全了低碳经济的发展法案。2009 年，奥巴马宣布"美国复兴和再投资计划"，将低碳经济发展上升为国家战略目标。同年通过《美国清洁能源和安全法案》，这是美国第一部针对气候变化的法律。2014 年推出"清洁电力计划"，计划首次对燃煤电厂的碳排放量进行规定。2016 年推出太阳能专案计划"清洁能源储金"。2017 年特朗普宣布"美国第一能源计划"。2021 年，拜登推行"绿色能源革命"，大力推动太阳能、风力、水力发电。虽然美国在应对全球气候变化上十分消极，但是美国的绿色发展的财政政策依旧值得借鉴，内容包括：

1. 财政支出、补贴

美国对低碳技术、新能源的补贴力度加大。对各州节能环保项目补贴，对可再生能源提供优惠贷款和补贴，对研究可再生能源的机构与个人提供补贴等。美国颁布了《2009 美国复苏与再投资法案》，大约 580 亿美元被投入到环保与新能源领域。2010 年，美国在新能源方面的补贴在 300 亿美元左右，主要用于可再生能源，完善新能源的基础设施建设。同时各州出台多种政策，鼓励发展低碳经济。如宾夕法尼亚州提出为充电设施的建设提供一半的建设成本，充电电车的电价给予折扣等优惠政策。

2. 税收与税收优惠

生态税收制度和对应的税收优惠政策。生态税收主要包括对损害环境征收的消费税，汽油税、开采税、二氧化硫税、环境收入税等。2007 年《美国气候安全法案》提及碳关税，并逐渐拓展健全相关条款。并提供大量优惠政策，如节能建筑税收优惠，可再生能源的税收优惠，高能效税收优惠，碳减排的优惠等，都是为了鼓励投资、生产、消费节能环保产品。

3. 政府采购

1992 年美国环保署推出"能源之星"节能标识体系，推广符合节能环保标准的产品。美国颁布《政府采购法》《联邦采购、循环利用和废物预防》，规定国产节能环保产品各地政府有义务购买；此后，美国针对采购绿色产品做出全面具体的规定。并制定"政府节能采购指南"，指导各部门在采购过程中选择能效更高的产品。美国出台并更新政府采购绿色产品名单，实施一系列关于采购绿色产品的计划，颁布并施行生态农产品法案，要求各级各地政府必须优先采购绿色产品、使用循环再利用物品，其办公楼建设应符合环保标准，采用节能技术。

4. 财政预算、投资

美国可再生能源局负责制定节能计划和项目，相关预算从 2009 年的 12.5 亿美元到 2021 年的 36 亿美元，越来越重视能源技术创新研发。健全绿色领域的财政政策设计，加大对低碳型社会基础设施以及节能改造的投资力度。重视低碳技术研发投资，从 2009 年开始的 10 年内每年向环保、清洁能源技术领域投资 150 亿美元，并建立起一支 6450 亿美元的能源基金，用于碳减排、发展清洁能源。加大对新能源及可再生能源的研发、利用，注重相关领域专业人才培养。

四 德国

德国为鼓励企业投身环保领域发展低碳经济采取限制和激励并存的举措。自 1994 年起，德国政府重点支持发展环保技术和能源技术，并且出台了很多能源与环境政策。2002 年至 2008 年德国颁布或修订了《节省能源法案》《生物燃料配额法》《能源税收法》《可再生能源供热法》《可再生能源发电并网法》等一系列法案，激励可再生能源的大力开发和有效利用。2014 年至 2017 年，发布了能效与气候行动计划，通过《电力市场进一步开发法案》和《能源转型数字化法案》。2019 年底提出 2050 年碳中和目标及一揽子关于碳减排的计划，计划征收碳关税。2020 年 12 月，德国通过《可再生能源法》（Eerneuerbare Energien Gesetz，EEG）修订草案，正式确立德国海上风电的目标。目前，德国已基本建立了一套适应气候变化和发展低碳经济的法律体系，在绿色、低碳领域走在世界前列，绿色发展的财政政策值得学习、借鉴，主要内容包括：

1. 财政补贴、支出

德国在可再生能源项目方面大力补贴，以鼓励私人投资新能源产业。2000 年颁布《可再生能源法》，制定再生能源"定价收购制度"，用户得以使用可再生能源电力。政府资金支持企业的节能行为。在德国财政补贴等相关扶持政策的推动下，可再生能源发电占比逐渐增加。2020 年德国推出 1300 亿欧元的刺激方案，投资氢能领域 90 亿欧元，购买电动汽车的补贴力度加强，同时积极发展海上风电项目。

2. 税收、税收优惠

德国不断推进生态税改革，于 1999 年和 2000 年分别颁布实施《实施生态税改革法》和《深化生态税改革法》。德国生态税先从 1994 年征收矿物油税开始又逐渐推出电力税、汽车燃油税、取暖燃料税、煤炭税等税目。2006 年德国实施《能源税法》并颁布《能源税实施细则》进一步进行能源改革。对有利于碳减排的经济行为给予政策性补贴；对积极开展低碳转型的工业企业给予资金支持或税收减免。例如，在 2005 年德国政府提出对使用"热电联产"设备生产的电能，给予资金补贴。对使用天然气或生态燃料的交通工具给予 45% 的税收优惠。同时为生产和消费低碳环保的相关行为提供低息或优惠贷款，如向新能源和可再生能源相关产业领域提供优惠贷款。

3. 政府采购

德国政府注重绿色产品采购过程、所采购产品以及使用过程的低碳性。1996 年实施的《循环经济与废物管理法》论述了"环境友好产品采购的要求"，建议各级政府均采购环保绿色产品。《评判公共货物及服务采购的章程》中包含环保因素，要求公共产品采购注重绿色环保，所购产品须符合国家环保标准；要求政府机关使用循环再生、低能耗等节能环保产品。

4. 财政预算、投资

德国政府专门设立"未来部"的联邦教育和科研部，将重点集中于环保和能源技术领域。2003 年德国政府每年提供约 500 万欧元预算资金，用于德国经济技术部倡议的"可再生能源出口协议"，旨在推动低碳技术和产品的出口。2006—2009 年，德国政府投资 20 亿欧元于能源研发与研究领域，投资 2490 万欧元于节能领域。能源和气候基金（Energy and Climate Fund，EKF）与碳排放交易体系（European Union Emission Trading Scheme，EU-ETS）的许可权拍卖为新能源发展提供资金。

五 英、日、美、德低碳转型财政政策对辽宁的启示

在以省份为主体的绿色发展需要顶层设计。前文已经阐述英国、日本、美国、德国的绿色发展的财政政策及其具体经验做法，从中可以得到以下启示：

1. 绿色财政政策的影响覆盖社会的方方面面，因此，首先顶层设计上

要设计合理的绿色财政政策，增强政策之间的协调性，同时促进绿色财政政策与绿色产业政策、技术创新政策同其他政策的相互配合，以此增强政策的整体联动性，提高财政资金效率，发挥绿色财政的作用。

2. 财政补贴主要补贴可再生能源和节能减排项目，引导经济结构和产业结构调整升级，提高新能源开发与利用的积极性。新能源推广期会面临成本过高、资金不足的问题，从绿色发展理念看，环保清洁能源符合国家发展战略，此时应发挥财政补贴的杠杆作用，支持新能源的开发与使用。

3. 充分发挥政府绿色采购市场导向作用，首先在全球贸易中，绿色低碳成为潮流，政府绿色产品采购发挥重要媒介作用。建立环保标识，制定合理的采购清单、指南，引导形成环保低碳、节能减排的生产、消费理念，政府绿色采购政策起到不可或缺的作用。

4. 制定合理的低碳经济税收政策和税收优惠政策，完善税种，发挥税收的调节与引导作用。引导企业投资低碳行业，提高企业核心竞争力，促进低碳技术的更新换代。既引导激励企业加大低碳经济研发力度，又发挥税收对高碳排放产业的限制作用，以此提高能效、降低碳排放量。

5. 制定绿色发展预算，确保来源稳定、多样，明确详细规划碳减排的目标、任务与资金流向。成立政企合资的绿色产业基金，支持基金市场化操作，重点在节能环保、新能源领域。现在绿色发展已成为世界经济发展的主流模式，吸收和借鉴发达国家的低碳经济发展政策经验，有利于辽宁省的绿色发展。受省份现实条件制约，结合辽宁省现实情况进行战略性调整，进一步建立健全绿色发展财政政策体系。

第五节　"双碳"目标下辽宁财政支出模式选择与路径优化

鉴于重化工业比重偏高、双碳目标任务艰巨的客观省情，辽宁须认真贯彻落实《中共中央　国务院关于完整准确全面贯彻新发展理念做好碳达峰碳中和工作的意见》和《2030年前碳达峰行动方案》，明确实现"碳达峰""碳中和"不是就碳论碳的问题，而是整个经济社会系统的深度调整过程，须从加强顶层设计，充分发挥碳达峰碳中和工作领导小组统筹协调作用，形成政府主导、企业主体和全社会参与的绿色经济发展模式，重点从产业结构深度转型升级、能源结构低碳转型、城乡建设与绿色交通运输体系、低碳科技创新、生态系统碳汇能力提升、健全各类标准和支持政策体系等方面有序推进。

从财政政策角度看，政府与市场关系的协调是推动"碳达峰""碳中和"实现辽宁绿色经济发展的重要机制保障，以优化重点领域的财政支出为抓手，以充分发挥财政政策和资金的放大效应和引导作用为路径选择，本章着重从财政政策手段创新、传统"两高"项目治理与能源结构低碳转型、碳排放权交易机制与碳市场建设、生态系统修复与绿色辽宁建设、资源型地区转型创新发展等维度提出财政支持"碳达峰""碳中和"实现辽宁绿色经济发展的对策建议。

一 创新财政政策支持减碳和绿色经济发展的手段

1. 发挥财政资金撬动社会资本的引导效应

财政资金撬动社会资本参与绿色技术创新方面，作为碳减排的关键抓手，营造良好的技术创新环境、增强企业的技术创新能力，能够确保从清洁生产的根源上实现减碳和绿色经济发展。开拓融资渠道和构建风险分担机制是企业进行绿色技术创新、实现减碳和绿色经济发展的重要前提，财政资金应发挥出引导和撬动社会资本投入的作用，推动科技金融深度融合。可设立科技金融专项资金，将传统的一次性无偿补助变更为可连续、能回收的持续性扶持资金，实现资金的循环滚动使用，放大财政资金的累积效应。

专项资金的模式创新方面，专项资金可分为"风险补偿"和"联合担保"两种模式。"风险补偿"模式是采用科技金融专项资金成立"科技型企业贷款风险资金池"，为企业增信，撬动银行资本投向科技型企业，建立风险补偿金机制，若发生风险则按照约定比例进行补偿，为绿色技术创新提供宽松的融资环境和规避风险保障。"联合担保"模式是两家及以上金融结构为科技型企业提供政策性融资担保，有效降低企业融资成本，更好发挥财政专项资金作用。不同行业可采取不同的模式，以实现专项资金赋能企业绿色技术创新的引导效应。

政府财政基金发挥作用方面，政府出资并让利社会资本，通过降低风险吸引社会资本投向生态环境领域，放大政府财政基金的引导效应，以辽宁省低碳绿色产业投资基金成立为契机，搭建金融平台，拓展融资渠道，以政府引导、社会资本参与和金融机构放大的形式，对省内环保产业的优秀企业股权、重点项目、先进环保装备等领域进行投资，实现资本赋能产业，大力推动环保产业高质量发展。

专项资金或引导基金方面，建议国家出台相关政策鼓励地方政府设置碳达峰碳中和专项资金或者引导基金，采取补贴、奖补、担保等形式，吸引社会资本投入到节能低碳改造、科技创新等重点领域，建立"政府、行业协会、企业、银行"的联动机制，鼓励开发性政策性商业性金融、国家绿色发展基金投向碳达峰碳中和领域，实现财政和金融政策协同发力，共同促进绿色经济发展。

2. 充分协调和优化政府与市场在推动绿色发展中的关系

财政投入统计制度建设方面，作为实现"碳达峰""碳中和"的重要机制保障，坚持政府与市场的双轮驱动至关重要。首先要考虑的是建立"碳达峰""碳中和"财政投入统计制度，研究制定"碳达峰、碳中和"财政投入统计科目口径和范围，为开展数据分析和决策奠定统计基础。

政府环境治理行为与市场机制交互作用方面，实现"碳达峰""碳中和"及绿色经济发展须坚持政府与市场作用相结合，根据各地、各行业污染排放情况分类引导实施碳税与碳交易相结合的减排方式，注重推动节能减排技术发展，提高污染企业环境信息披露程度，引导企业进行低碳环保转型；对企业节能减排行为提供定向补贴，确保对清洁能源技术开发的相应政策扶持，提高绿色技术转化率，以政府规制手段修正碳市场失灵问题；提高企业环境准入门槛，加强企业污染排放治理，激励企业自愿减排，强化自愿减排第三方机构监管能力。

政府绿色采购方面，聚焦"碳达峰""碳中和"与绿色发展领域的能源、制造业、建筑、交通等重点行业，鼓励政府与社会资本合作（PPP），对于绿色产品的初期推广可采取政府采购形式，结合强制采购、优先采购和制定采购标准等，通过扩大政府采购的实施范围鼓励和推动绿色生产技术进步，进而强化政府绿色采购的导向作用。

二 遏制"两高"项目与推进清洁能源发展的财政支持政策

1. 财政支持化解产能过剩和推动新兴产业发展

产业结构低碳转型方面，传统高污染高耗能行业比重较大与新兴产业发展不足，是辽宁碳减排工作首先要考虑的重点问题。根据我省聚焦改造升级"老字号"、深度开发"原字号"、培育壮大"新字号"的工作部署，减碳和绿色经济发展须调整改造传统重化工业结构和推动新兴产业发展，对"两高"项目及"双控"目标采取严格的措施，尤其是严禁产能过剩程度较高的行业违规增加产能，对"两高"项目坚决进行压减，形成对产业转型升级的倒逼机制，且对地市级政府的能源消费"双控"目标责任进行考核评价。特别是落实好上级煤炭行业化解产能奖补资金的运用，有序化解"两高"项目的产能过剩。设立省级清洁生产转型专项资金，推进清洁生产技术、装备研发与推广应用等。

传统高碳产业技术创新与循环经济发展方面，财政资金应着重针对冶金、石化、建材等重点高耗能行业企业加快低碳技术的工艺革新与清洁生产技术改造，对重大工业节能专项进行监察，提升钢铁、水泥、电解铝、石化等行业提高能源利用效率；推进资源循环利用，支持鞍山、本溪建设废钢铁加工利用龙头企业，形成工业废弃物循环利用模式；推进绿色制造体系建设，对工业产品进行绿色低碳设计，积极推广节能减排技术产品的应用，以此大幅降低能源消耗与碳排放水平。

新兴低碳产业发展方面，加大国家竞争立项支持碳达峰碳中和的力度与广度，扩大立项数量和资金规模，以创建"零碳工业园区"为抓手，强化对地方的业务指导，积累推广典型案例，完善考核与绩效奖励政策。具体到地方而言，以所得税优惠、减免或直接补贴的方式推动新兴低碳产业发展，并设立新兴低碳产业发展专项资金，以新兴低碳产业发展带动产业结构转型升级，进而为实现"碳达峰""碳中和"和绿色经济发展奠定低碳产业结构的基础支撑。

财政支持其他重点行业低碳发展方面，建议加大投入力度支持交通运输业绿色低碳转型，完善公交电动化补贴政策；建议统筹大气污染防治专项资金，对建设零碳建筑、星级绿色建筑、绿色农房等实施奖补支持；对于农业开展废弃物资源化循环利用，实施"以旧换新"奖补政策试点，增强耕地的固碳能力。

2. 以政府补贴和税收优惠推进能源结构低碳转型

化石能源减量化或替代方面，"煤改气""煤改电"作为替代化石能源的主要途径，须以政府补贴作为重要支撑，清洁取暖上采取电、气和煤因地制宜原则，推进天然气、地热、太阳能、核能等多种清洁能源应用的采暖新模式，提升清洁能源供暖的比重，在保障民生的前提下注重能源安全。财政投入须持续支持蓝天保卫战、碧水保卫战和净土保卫战，强化重点区域的工业污染治理、交通领域的柴油车淘汰与新能源汽车推广运用等，全方位降低化石能源消耗与污染排放水平。

清洁能源发展方面，设立省级清洁能源专项资金，对"煤改气"、"煤改电"、太阳能、风能、生物质能和氢能等清洁能源的开发利用和关键核心技术攻关予以支持；积极争取中央对新能源装备的研发补贴、投资贴息补贴、项目补贴和电力上网补贴，争取中央清洁能源发展专项资金和国家生物质发电项目补助政策，鼓励可再生能源发电企业自建或者购买调峰能力增加并网的规模，大规模建设能源调峰设施，尤其是设置一定比例的储能设施，有效避免"弃风""弃光"等清洁能源浪费的问题。对于新建或技改项目使用财政贴息政策，引导能源供给，降低成本或风险，促进社会资本投向能源转型领域。

公用事业能源价格改革方面，如电价、供热收费、污水处理费、燃气费等推进价格试点改革，形成差别化、阶梯化的政策体系，推动构建具有约束力的碳价机制。

三 充分发挥辽宁地方碳市场和全国碳市场的协同作用

1. 完善碳排放权交易机制与碳市场建设

碳排放核算方面，须连续开展温室气体排放清单编制，对重点行业碳排放核查和复核，做好碳排放配额的分配与清缴、编制温室气体排放的相关报告，统筹推进各地区碳排放目标的分解与落实。

碳排放权交易机制建设方面，继续做好《沈阳市碳排放权交易管理办法》的实施和完善工作，加强对交易机构的监管，强化金融风险防控，确保碳排放权交易市场安全稳定运行。鼓励企业自愿参与交易，扩大区域影响，做大碳交易规模，逐步形成碳金融产业集群；围绕碳排放权交易机构，引入碳咨询服务、低碳技术服务等行业企业，打造"碳金融+碳服务"的绿色产业集群，力争将沈阳市碳排放权交易市场建设成为辽宁甚至东北区域的碳交易中心，适时复制推广沈阳市碳排放权交易市场建设的经验，在省内建设若干碳排放权交易中心，逐步扩大碳排放权交易市场的覆盖面和交易规模。

碳市场的碳价控制方面，合理的碳价格是实现碳排放权交易与碳市场健康发展的重要因素，应考虑碳价格过快上涨所造成的影响，避免对一些行业造成较大的负担，确保经济增长与碳减排的协调推进。

2. 强化各类环境税收功能和全面对接全国碳市场

环境保护税征收方面，加强环境保护税的征收管理制度改革和政策落地实施，着重对于"两高"项目强化环境保护税征收管控，完善环境保护税的税收优惠政策，激励环境保护税的纳税人积极纳税，进一步根据碳减排实际，细化环境保护税的税率档次设置，适度提高环境保护税税率，面向企业提高碳减排的税收优惠力度，对于使用绿色能源的企业给予税收减免、提供节能设备更新的折旧税收优惠等形式，从而充分发掘企业的碳减排动力和潜力，倒逼企业探寻更为低碳环保的生产方式。对于从事污染防治的第三方企业按 15% 的税率征收企业所得税，并对"环境污染治理设施运营维护"的内涵进行明确（运营企业或维护企业享受，或者二者均可）；建议对于城市公交或出租车充电站按照 6% 征收增值税。

环境保护税的相关法律制度完善方面，须完善协同征管机制的法律制度，进一步明确税务和环保部门的权利义务，划清责任范围，建立健全跨部门的绩效考核制度，以此促进环境保护税征收的部门间协作，强化部门间的信息共享，确保信息的准确性和及时性，并注重将大数据等技术应用在污染企业的评估中，提高环境保护税税收核算与征收的工作效率，降低环境保护税的征收成本。

碳税征收方面，提前研究开征碳税的影响，不宜操之过急，征收碳税将使得企业生产成本增加，初期可通过税收优惠减轻企业负担，为企业进行技术革新提供缓冲时间，对于为培育具有国际竞争力的行业可给予税收豁免或者特殊的税收优惠待遇。在具体实践中，可对能源密集型行业建立税收减免和返还机制，对可再生能源开发进行税收减免甚至拨款扶持，推动清洁能源的生产技术更新与大规模应用。当前全国碳市场仅将重点行业或企业纳入，有可能造成其他行业碳排放量增加，须将碳税和碳排放权交易市场结合起来，以此更好地对碳泄漏进行控制。密切跟踪全国碳市场动向，初期考虑积极将我省重点发电企业纳入全国碳市场交易，提前谋划将某些行业纳入碳市场，做好地方碳市场与全国碳市场的对接与协调。

其他绿色税收方面，须统筹推进资源税、消费税、车船税和车辆购置税等多税种的绿色税制建设，充分发挥绿色税收的反向约束与正向激励的双重作用，引导企业绿色生产与居民绿色消费行为的转变，从而促进经济社会全面绿色低碳转型。

四　推进生态系统修复与绿色辽宁建设的财政支持政策

1. 生态系统修复的财政资金投入机制优化

生态系统修复的财政资金转移支付方面，一是，完善与生态功能区产业准入负面清单相适应的纵向转移支付政策。将负面清单制度实施和政绩考核结合起来，执行好的情形下加大资金支持力度，执行不好的情形下限制政治晋升。二是，提高重点生态功能区生态补偿的转移支付占一般转移支付的比重，转移支付的额度须考虑实施产业准入负面清单之后限制产业进入的机会成本或产业退出所造成的财政收入损失。三是，充分发挥对下转移支付的激励效应，建议加大转移支付规模，并根据地区间的生态系统修复强度、进度和效果确定具体的转移支付规模，形成差异化、阶梯化的转移支付体系，调动地方对生态系统修复的积极性。四是，建议完善森林、草原、重点生态功能区等方面的财政生态保护补偿制度，适当提高碳汇能力方面的因素与权重。

发挥政府性基金或社会性基金作用方面，一是，政府性基金或社会性基金是实现生态补偿的重要可行手段，拓宽生态补偿资金的渠道，贯彻落实《国务院办公厅关于鼓励和支持社会资本参与生态保护修复的意见》，以自主投资、与政府合作和公益参与等模式，重点支持社会资本参与以政府支出责任为主的生态保护修复，增加社会与市场参与生态补偿的新路径。二是，对重点生态功能区许可产业进行评估和规划、支持，形成绿色发展的核心竞争力，且财政生态补偿资金的投入必须有利于发展生态产业，而不是弥补限制产业的损失。三是，完善重点生态功能区财政补偿资金的绩效评价体系，重点考核水、土、空气、生物多样性保持水平和碳排放等生态指标，推动水污染防治、水源地保护和城市黑臭水体治理工作，持续开展土壤污染情况调查、治理和修复技术应用、持续提升"大气十条"政策对空气污染治理的效能等。

2. 构建绿色生态系统的财税政策

构建绿色生态系统方面，财政资金应支持开展大规模国土绿化，鼓励地方采用以奖代补、贷款贴息等模式对国土绿化的投入机制进行创新，运用差异化的财政补助政策，支持创建森林城市，对入选国家或省级森林城市的市县进行奖励，以此激励各地提升生态系统碳汇增量。以城市绿地公园建设为抓手，强化提升城市绿化覆盖率。

海绵城市建设方面，各地级市应积极申报海绵城市建设示范工作，争取中央财政对海绵城市建设的定额补助。鼓励金融机构发行绿色债券、绿色股票和绿色信贷等金融产品支持绿色金融项目发展，直接给予金融机构财政补贴，降低运营成本和投资成本，加快金融机构的绿色信贷投放进度，支持绿色技术企业运用多层次资本市场进行融资发展。

自然资源利用与增强碳汇方面，须做好国土空间规划工作，提升自然资源利用效率，统筹推进山水林田湖草沙系统治理，实施草原生态保护补助奖励政策，严格落实河长制和湖长制，开展湿地生态效益补偿与退耕还湿，对海洋蓝碳系统进行保护修复，以此构建完善的绿色生态系统，持续增强碳汇能力，为"碳达峰""碳中和"及绿色经济发展提供绿色生态系统支撑。

五　辽宁资源型地区低碳转型发展的财政支持政策

1. 财政支持资源型地区供给侧结构性改革

财政资金投入方面，建立长效机制解决资金难题，加大财政对资源型地区的转移支付力度，建议建立补偿资源型城市历史欠账的长效财政转移支付制度，基于财政专项转移支付、国债投资、减税和贴息等政策手段推动资源型城市主导产业低碳发展。

财政支持化解资源型地区落后产能方面，为破除资源型产业的部分无效供给，须通过完善固定资产加速折旧政策、采取财政补贴等手段鼓励资源型企业更新技术装备、更新低碳生产工艺和促进高端装备技术的研发投入强度提升，进而推动资源型产业提质增效，为"碳达峰""碳中和"及绿色经济发展奠定创新驱动基础。

财政资金引导资源型产业低碳发展方面，须在原辅料、燃料、生产工艺和产品等环节根据实际情况开展价格调控，针对低碳产品给予税收方面的激励，助推资源型企业低碳技术升级。

绿色金融方面，鼓励绿色金融债券发行，针对金融机构通过发行绿色债券取得的利润按一定比例减征税收；鼓励企业发行绿色债券，通过募集资金支持资源型地区绿色发展；通过引导金融机构设置专业化的信贷项目，将资金投在节能环保、绿色发展等经营主体，形成绿色金融服务的精准支持；创新金融产品，针对清洁能源产业和绿色出行等提供创新性的融资产品，强化对绿色低碳循环经济的支持力度；探索开展碳排放权抵押贷款、碳排放配额交易抵押贷款等绿色信贷业务。

2. 财政支持资源枯竭型地区低碳转型创新发展

财政支持资源枯竭型地区资源型产业退出方面，提高资源税费、矿产资源补偿费和消费税的地方留成比例，提高资源枯竭型城市新增建设用地的土地有偿使用费、耕地开垦费国家返还的比重，强化采煤沉陷区治理。此外，财政须对因资源型产业退出导致的下岗职工和再就业进行支持。

财政支持资源枯竭型地区接续产业低碳发展方面，为应对资源枯竭型城市经济萎缩的特征，各级财政支出应增加对资源枯竭型城市的投入比重，财政资金优先投向接替产业或新兴产业，对重点技术改造企业给予财政贴息，建议以贴息、垫息、资本金投入或者无偿资助等模式推动资源枯竭型地区的新兴产业发展，全力做好资源枯竭型地区培育壮大"新字号"，逐渐降低对资源型产业的过度依赖，并促进传统产业和新兴产业的融合发展，为科技创新和企业转型改造提供先期条件，且财政资金须引导社会资本投入到资源枯竭型城市的后期开发过程中，共同推动资源枯竭型城市的低碳转型创新发展。

参考文献

白雪洁、宋莹：《中国各省火电行业的技术效率及其提升方向——基于三阶段 DEA 模型的分析》，《财经研究》2008 年第 10 期。

毕克新、丁晓辉、冯英浚：《制造业中小企业工艺创新能力测度指标体系的构建》，《数量经济技术经济研究》2002 年第 12 期。

蔡立亚、郭剑锋、姬强：《基于 G8 与 BRIC 的新能源及可再生能源发电绩效动态评价》，《资源科学》2013 年第 2 期。

曹春方、马连福、沈小秀：《财政压力、晋升压力、官员任期与地方国企过度投资》，《经济学（季刊）》2014 年第 4 期。

柴麒敏、徐华清：《基于 IAMC 模型的中国碳排放峰值目标实现路径研究》，《中国人口·资源与环境》2015 年第 6 期。

陈冠学、杨萱：《能源价格改革对碳减排影响效应研究——基于电价与碳排放强度的实证分析》，《价格理论与实践》2019 年第 4 期。

陈文俊、彭有为、胡心怡：《战略性新兴产业政策是否提升了创新绩效》，《科研管理》2020 年第 1 期。

陈艳、朱雅丽：《可再生能源产业发展路径：基于制度变迁的视角》，《资源科学》2012 年第 1 期。

陈占明、吴施美、马文博等：《中国地级以上城市二氧化碳排放的影响因素分析：基于扩展的 STIRPAT 模型》，《中国人口·资源与环境》

2018 年第 10 期。

陈钊、陈乔伊：《中国企业能源利用效率：异质性、影响因素及政策含义》，《中国工业经济》2019 年第 12 期。

丛建辉、王晓培、刘婷等：《CO_2 排放峰值问题探究：国别比较、历史经验与研究进展》，《资源开发与市场》2018 年第 6 期。

邓慧慧、杨露鑫：《雾霾治理、地方竞争与工业绿色转型》，《中国工业经济》2019 年第 10 期。

邓磊、杜爽：《我国供给侧结构性改革：新动力与新挑战》，《价格理论与实践》2015 年第 12 期。

董艳梅、朱英明：《高铁建设的就业效应研究——基于中国 285 个城市倾向匹配倍差法的证据》，《经济管理》2016 年第 11 期。

董直庆、王辉：《环境规制的"本地—邻地"绿色技术进步效应》，《中国工业经济》2019 年第 1 期。

杜克锐、张宁：《资源丰裕度与中国城市生态效率：基于条件 SBM 模型的实证分析》，《西安交通大学学报》（社会科学版）2019 年第 1 期。

段福梅：《中国二氧化碳排放峰值的情景预测及达峰特征——基于粒子群优化算法的 BP 神经网络分析》，《东北财经大学学报》2018 年第 5 期。

樊纲、王小鲁、朱恒鹏：《中国市场化指数：各地区市场化相对进程 2006 年报告》，经济科学出版社 2007 年版。

樊纲、王小鲁、朱恒鹏：《中国市场化指数：各地区市场化相对进程 2009 年报告》，经济科学出版社 2010 年版。

范丹、王维国：《中国区域环境绩效及波特假说的再检验》，《中国环境科学》2013 年第 5 期。

范建双、周琳：《城镇化及房地产投资对中国碳排放的影响机制及效应研究》，《地理科学》2019 年第 4 期。

范子英、彭飞、刘冲：《政治关联与经济增长——基于卫星灯光数据的研究》，《经济研究》2016 年第 1 期。

范子英、彭飞：《"营改增"的减税效应和分工效应：基于产业互联的视角》，《经济研究》2017 年第 2 期。

方创琳、关兴良：《中国城市群投入产出效率的综合测度与空间分异》，《地理学报》2011 年第 8 期。

冯烽、叶阿忠：《回弹效应加剧了中国能源消耗总量的攀升吗?》，《数量经济技术经济研究》2015 年第 8 期。

冯志峰：《供给侧结构性改革的理论逻辑与实践路径》，《经济问题》2016 年第 2 期。

顾宁、姜萍萍：《中国碳排放的环境库兹涅茨效应识别与低碳政策选择》，《经济管理》2013 年第 6 期。

郭云、蒋玉丹、黄炳昭等：《我国大气 $PM_{2.5}$ 及 O_3 导致健康效益现状分析及未来 10 年预测》，《环境科学研究》2021 年第 4 期。

韩晶：《中国区域绿色创新效率研究》，《财经问题研究》2012 年第 11 期。

何建坤：《碳达峰碳中和目标导向下能源和经济的低碳转型》，《环境经济研究》2021 年第 1 期。

何文举、张华峰、陈雄超等：《中国省域人口密度、产业集聚与碳排放的实证研究——基于集聚经济、拥挤效应及空间效应的视角》，《南开经济研究》2019 年第 2 期。

胡鞍钢、周绍杰、任皓：《供给侧结构性改革——适应和引领中国经济新常态》，《清华大学学报》（哲学社会科学版）2016 年第 2 期。

胡鞍钢、周绍杰：《绿色发展：功能界定、机制分析与发展战略》，《中国人口·资源与环境》2014 年第 1 期。

胡初枝、黄贤金、钟太洋等：《中国碳排放特征及其动态演进分析》，《中国人口·资源与环境》2008 年第 3 期。

黄庆华、胡江峰、陈习定：《环境规制与绿色全要素生产率：两难还是双赢?》，《中国人口·资源与环境》2018 年第 11 期。

黄少鹏：《影响秸秆发电产业发展的制约因素分析——基于五河凯迪生物质能发电厂调研》，《再生资源与循环经济》2014 年第 8 期。

黄勇：《供给侧结构性改革中的竞争政策》，《价格理论与实践》2016年第1期。

贾康、冯俏彬：《"十三五"时期的供给侧改革》，《国家行政学院学报》2015年第6期。

贾智彬、孙德强、张映红、侯读杰、郑军卫：《美国能源战略发展史对中国能源战略发展的启示》，《中外能源》2016年第2期。

姜春海、宋志永、冯泽：《雾霾治理及其经济社会效应：基于"禁煤区"政策的可计算一般均衡分析》，《中国工业经济》2017年第9期。

姜楠：《环保财政支出有助于实现经济和环境双赢吗?》，《中南财经政法大学学报》2018年第1期。

蒋竺均、邵帅：《取消化石能源补贴对我国居民收入分配的影响——基于投入产出价格模型的模拟分析》，《财经研究》2013年第8期。

金刚、沈坤荣：《以邻为壑还是以邻为伴? ——环境规制执行互动与城市生产率增长》，《管理世界》2018年第12期。

景维民、张璐：《环境管制、对外开放与中国工业的绿色技术进步》，《经济研究》2014年第9期。

黎鹏、张勇、李夏浩祺等：《黄土丘陵区不同退耕还林措施的土壤碳汇效应》，《水土保持研究》2021年第4期。

李佛关、吴立军：《基于LMDI法对碳排放驱动因素的分解研究》，《统计与决策》2019年第21期。

李海东、马伟波、高媛赟等：《生态环保扶贫减损增益和"绿水青山就是金山银山"转化研究》，《环境科学研究》2020年第12期。

李海生、李鸣晓、邹天森等：《持续创新，打造我国生态环境科技2.0》，《环境科学研究》2021年第9期。

李宏舟、邹涛：《我国电力行业发电技术效率及影响因素：2000—2009年》，《改革》2012年第10期。

李虹、董亮、段红霞：《中国可再生能源发展综合评价与结构优化研究》，《资源科学》2011年第3期。

李虹、董亮、谢明华:《取消燃气和电力补贴对我国居民生活的影响》,《经济研究》2011 年第 2 期。

李虹、邹庆:《环境规制、资源禀赋与城市产业转型研究——基于资源型城市与非资源型城市的对比分析》,《经济研究》2018 年第 11 期。

李静、倪冬雪:《中国工业绿色生产与治理效率研究——基于两阶段 SBM 网络模型和全局 Malmquist 方法》,《产业经济研究》2015 年第 3 期。

李宁、白璐、乔琦等:《天山北坡经济带经济发展与污染减排潜力以及工业绿色发展策略》,《环境科学研究》2020 年第 2 期。

李思琢、陈红兵:《自然冷却下太阳能 PV 板发电效率的影响研究》,《山西建筑》2014 年第 14 期。

李伟:《城镇化率每增加 1%,需 6000 万吨标煤的能源消耗》,http://finance. huanqiu. com/data/2014-02/4823177. html。

李小胜、安庆贤:《环境管制成本与环境全要素生产率研究》,《世界经济》2012 年第 12 期。

李晓西、刘一萌、宋涛:《人类绿色发展指数的测算》,《中国社会科学》2014 年第 6 期。

李永友、文云飞:《中国排污权交易政策有效性研究——基于自然实验的实证分析》,《经济学家》2016 年第 5 期。

李智、原锦凤:《基于中国经济现实的供给侧改革方略》,《价格理论与实践》2015 年第 12 期。

李忠民、庆东瑞:《经济增长与二氧化碳脱钩实证研究——以山西省为例》,《福建论坛》(人文社会科学版)2010 年第 2 期。

李少林、冯亚飞:《区块链如何推动制造业绿色发展?——基于环保重点城市的准自然实验》,《中国环境科学》2021 年第 3 期。

李少林、杨文彤:《环境信息披露制度改革对绿色全要素生产率的影响测度研究》,《环境科学研究》2022 年第 10 期。

李少林、杨文彤:《碳达峰、碳中和理论研究新进展与推进路径》,《东北财经大学学报》2022 年第 2 期。

李少林：《2001—2012 年全球 23 国新能源发电效率测算与驱动因素分析》，《资源科学》2016 年第 2 期。

连振祥、张玉洁：《国家能源局："两个 200 亿"成为中国可再生能源发展的最大问题》，http：//news. xinhuanet. com/fortune/2015 - 08/08/c _ 1116189108. htm。

林伯强、杜克锐：《要素市场扭曲对能源效率的影响》，《经济研究》2013 年第 9 期。

林伯强、蒋竺均：《中国二氧化碳的环境库兹涅茨曲线预测及影响因素分析》，《管理世界》2009 年第 4 期。

林伯强、刘畅：《中国能源补贴改革与有效能源补贴》，《中国社会科学》2016 年第 10 期。

林伯强、孙传旺：《如何在保障中国经济增长前提下完成碳减排目标》，《中国社会科学》2011 年第 1 期。

林伯强、谭睿鹏：《中国经济集聚与绿色经济效率》，《经济研究》2019 年第 2 期。

林伯强：《能源革命促进中国清洁低碳发展的"攻关期"和"窗口期"》，《中国工业经济》2018 年第 6 期。

林木西、张紫薇：《"区块链+生产"推动企业绿色生产——对政府之手的新思考》，《经济学动态》2019 年第 5 期。

林卫斌、苏剑：《理解供给侧改革：能源视角》，《价格理论与实践》2015 年第 12 期。

刘常青、李磊、卫平：《中国地级及以上城市资本存量测度》，《城市问题》2017 年第 10 期。

刘吉臻、孟洪民、胡阳：《采用梯度估计的风力发电系统最优转矩最大功率点追踪效率优化》，《中国电机工程学报》2015 年第 10 期。

刘婕、魏玮：《城镇化率、要素禀赋对全要素碳减排效率的影响》，《中国人口·资源与环境》，2014 年第 8 期。

刘伟、李虹：《能源补贴与环境资源利用效率的相互关系——化石能源补贴改革理论研究的考察》,《经济学动态》2012 年第 2 期。

刘新梅、刘博:《发电企业基于 AHP 的 DEA 效率研究》,《生产力研究》2006 年第 3 期。

卢奇秀:《国际能源署:可再生能源已成第二电力来源》,http://www. cnenergy. org/gj/gjcj/201508/t20150825_ 63539. html。

卢硕、张文忠、李佳洺:《资源禀赋视角下环境规制对黄河流域资源型城市产业转型的影响》,《中国科学院院刊》2020 年第 1 期。

卢志勇、朱家玲、张伟等:《Kalina 地热发电热力循环效率影响因素分析》,《太阳能学报》2014 年第 2 期。

陆敏、苍玉权、李岩岩:《强制减排交易机制外企业会自愿减排么?》,《中国人口·资源与环境》2019 年第 5 期。

路正南、罗雨森:《中国碳交易政策的减排有效性分析——双重差分法的应用与检验》,《干旱区资源与环境》2020 年第 4 期。

马丽梅、史丹:《京津冀绿色协同发展进程研究:基于空间环境库兹涅茨曲线的再检验》,《中国软科学》2017 年第 10 期。

马士国:《征收硫税对中国二氧化硫排放和能源消费的影响》,《中国工业经济》2008 年第 2 期。

马晓舫:《德国可再生能源发电比例再破记录》,http://env. people. com. cn/n/2015/0805/c1010-27415137. html。

平新乔、郑梦圆、曹和平:《中国碳排放强度变化趋势与“十四五”时期碳减排政策优化》,《改革》2020 年第 11 期。

戚潇:《能源价格改革的难点与突破》,《中国产经》2020 年第 4 期。

齐绍洲、林屾、崔静波:《环境权益交易市场能否诱发绿色创新?——基于我国上市公司绿色专利数据的证据》,《经济研究》2018 年第 12 期。

秦蒙、刘修岩、李松林:《城市蔓延如何影响地区经济增长?——基于夜间灯光数据的研究》,《经济学(季刊)》2019 年第 2 期。

渠慎宁:《区块链助推实体经济高质量发展:模式、载体与路径》,《改革》2020 年第 1 期。

任胜钢、郑晶晶、刘东华、陈晓红：《排污权交易机制是否提高了企业全要素生产率——来自中国上市公司的证据》，《中国工业经济》2019年第5期。

任晓松、马茜、刘宇佳、赵国浩：《碳交易政策对工业碳生产率的影响及传导机制》，《中国环境科学》2021年第11期。

尚华、王惠荣：《太阳能光伏发电效率的影响因素》，《宁夏电力》2010年第5期。

邵帅、杨莉莉、黄涛：《能源回弹效应的理论模型与中国经验》，《经济研究》2013年第2期。

邵帅、张可、豆建民：《经济集聚的节能减排效应：理论与中国经验》，《管理世界》2019年第1期。

盛鹏飞：《中国能源效率偏低的解释：技术无效抑或配置无效》，《产业经济研究》2015年第1期。

师博、沈坤荣：《政府干预、经济集聚与能源效率》，《管理世界》2013年第10期。

石大千、丁海、卫平等：《智慧城市建设能否降低环境污染》，《中国工业经济》2018年第6期。

石敏俊、袁永娜、周晟吕等：《碳减排政策：碳税、碳交易还是两者兼之？》，《管理科学学报》2013年第9期。

史丹、李少林：《排污权交易制度与能源利用效率：对地级及以上城市的测度与实证》，《中国工业经济》2020年第9期。

史丹、李少林：《京津冀绿色协同发展效果研究——基于"煤改气、电"政策实施的准自然实验》，《经济与管理研究》2018年第11期。

史丹、李少林：《排污权交易制度与能源利用效率——对地级及以上城市的测度与实证》，《中国工业经济》2020年第9期。

史丹、马丽梅：《京津冀协同发展的空间演进历程：基于环境规制视角》，《当代财经》2017年第4期。

史丹、王俊杰：《基于生态足迹的中国生态压力与生态效率测度与评价》，

《中国工业经济》2016 年第 5 期。

史丹：《当前能源价格改革的特点、难点与重点》，《价格理论与实践》2013 年第 1 期。

史君海、孙丽兵、张丽莹：《提高并网光伏发电效率分析与建议》，《电力与能源》2013 年第 4 期。

宋辉、魏晓平：《我国可再生能源替代的动力学模型构建及分析》，《数学的实践与认识》2013 年第 10 期。

苏竣、眭纪刚、张汉威等：《中国政府资助的可再生能源技术创新》，《中国软科学》2008 年第 11 期。

孙博文、傅鑫羽、任俊霖等：《环境规制的蓝色红利效应研究》，《中国环境科学》2019 年第 8 期。

孙鹏、聂普焱：《动态视角下可再生对不可再生能源的替代》，《系统工程》2014 年第 3 期。

汤临佳、郑伟伟、池仁勇：《智能制造创新生态系统的功能评价体系及治理机制》，《科研管理》2019 年第 7 期。

汤维祺、钱浩祺、吴力波：《内生增长下排放权分配及增长效应》，《中国社会科学》2016 年第 1 期。

唐晓华、张欣珏、李阳：《中国制造业与生产性服务业动态协调发展实证研究》，《经济研究》2018 年第 3 期。

陶锋、郭建万、杨舜贤：《电力体制转型期发电行业的技术效率及其影响因素》，《中国工业经济》2008 年第 1 期。

田云、陈池波：《中国碳减排成效评估、后进地区识别与路径优化》，《经济管理》2019 年第 6 期。

王班班、齐绍洲：《市场型和命令型政策工具的节能减排技术创新效应——基于中国工业行业专利数据的实证》，《中国工业经济》2016 年第 6 期。

王桂军、卢潇潇：《"一带一路"倡议与中国企业升级》，《中国工业经济》2019 年第 3 期。

王君华、李霞：《中国工业行业经济增长与 CO_2 排放的脱钩效应》，《经济地理》2015 年第 5 期。

王敏、黄滢：《中国的环境污染与经济增长》，《经济学（季刊）》2015 年第 2 期。

王书斌、徐盈之：《环境规制与雾霾脱钩效应——基于企业投资偏好的视角》，《中国工业经济》2015 年第 4 期。

王腾、严良、何建华等：《环境规制影响全要素能源效率的实证研究——基于波特假说的分解验证》，《中国环境科学》2017 年第 4 期。

王文举、陈真玲：《中国省级区域初始碳配额分配方案研究——基于责任与目标、公平与效率的视角》，《管理世界》2019 年第 3 期。

王小鲁、樊纲、胡李鹏：《中国分省份市场化指数报告（2018）》，社会科学文献出版社 2019 年版。

王小鲁、樊纲、余静文：《中国分省份市场化指数报告（2016）》，社会科学文献出版社 2017 年版。

王亚华、吴凡、王争：《交通行业生产率变动的 Bootstrap-Malmquist 指数分析（1980—2005）》，《经济学（季刊）》2008 年第 3 期。

王勇、韩舒婉、李嘉源等：《五大交通运输方式碳达峰的经验分解与情景预测——以东北三省为例》，《资源科学》2019 年第 10 期。

温建中：《日本能源政策再审视》，《中国物价》2016 年第 2 期。

吴健生、牛妍、彭建、王政、黄秀兰：《基于 DMSP/OLS 夜间灯光数据的1995—2009 年中国地级市能源消费动态》，《地理研究》2014 年第 4 期。

吴新竹：《可再生能源领域面临不堪重负的市场》，http：//world. people. com. cn/n/2015/0803/c157278-27404191. html。

向其凤、王文举：《中国能源结构调整及其节能减排潜力评估》，《经济与管理研究》2014 年第 7 期。

肖兴志、姜莱：《战略性新兴产业发展对中国能源效率的影响》，《经济与管理研究》2014 年第 6 期。

肖兴志、李少林：《光伏发电产业的激励方式、他国观照与机制重构》，《改革》2014 年第 7 期。

肖兴志、李少林：《能源供给侧改革：实践反思、国际镜鉴与动力找寻》，《价格理论与实践》2016 年第 2 期。

肖兴志：《"新常态"下我国能源监管实践反思与监管政策新取向》，《价格理论与实践》2015 年第 1 期。

徐斌、陈宇芳、沈小波：《清洁能源发展、二氧化碳减排与区域经济增长》，《经济研究》2019 年第 7 期。

徐佳、崔静波：《低碳城市和企业绿色技术创新》，《中国工业经济》2020 年第 12 期。

许广月、宋德勇：《中国碳排放环境库兹涅茨曲线的实证研究——基于省域面板数据》，《中国工业经济》2010 年第 5 期。

许晖、尹忠东：《光伏发电的效率计算》，《科技视界》2014 年第 9 期。

许宪春、任雪、常子豪：《大数据与绿色发展》，《中国工业经济》2019 年第 4 期。

闫庆友、陶杰：《中国生物质发电产业效率评价》，《运筹与管理》2015 年第 1 期。

叶琴、曾刚、戴劭勍等：《不同环境规制工具对中国节能减排技术创新的影响——基于 285 个地级市面板数据》，《中国人口·资源与环境》2018 年第 2 期。

殷红、张龙、叶祥松：《中国产业结构调整对全要素生产率的时变效应》，《世界经济》2020 年第 1 期。

俞萍萍：《国际碳贸易价格波动对可再生能源投资的影响机制——基于实物期权理论的分析》，《国际贸易问题》2012 年第 5 期。

张保留、吕连宏、王健等：《面向区域大气环境质量改善的京津冀及周边地区产业结构评估与优化建议》，《环境工程技术学报》2020 年第 4 期。

张彩云、盛斌、苏丹妮：《环境规制、政绩考核与企业选址》，《经济管理》

2018 年第 11 期。

张各兴、夏大慰：《所有权结构、环境规制与中国发电行业的效率》，《中国工业经济》2011 年第 6 期。

张杰、李克、刘志彪：《市场化转型与企业生产效率——中国的经验研究》，《经济学（季刊）》2011 年第 2 期。

张洛鸣：《外国煤改气花十多年，中国"一刀切"后重烧煤》，《新能源经贸观察》2017 年第 12 期。

张宁、张维洁：《中国用能权交易可以获得经济红利与节能减排的双赢吗?》，《经济研究》2019 年第 1 期。

张世国、贾红强、刘明：《中国实现 2030 年碳排放"双目标"不同方案的经济效应分析》，《重庆理工大学学报》（社会科学）2021 年第 3 期。

张勋、杨桐、汪晨等：《数字金融发展与居民消费增长：理论与中国实践》，《管理世界》2020 年第 11 期。

赵新刚、刘平阔、刘璐等：《中国可再生能源发电对火力发电技术替代的实证研究——基于 LVC 模型》，《技术经济》2011 年第 10 期。

周江、李成东、张鋆：《基于 Bootstrap-DEA 方法的我国区际能源生产效率分析》，《财经科学》2014 年第 5 期。

周倩玲、方时姣：《地区能源禀赋、企业异质性和能源效率——基于微观全行业企业样本数据的实证分析》，《经济科学》2019 年第 2 期。

周珍、邢瑶瑶、孙红霞等：《政府补贴对京津冀雾霾防控策略的区间博弈分析》，《系统工程理论与实践》2017 年第 10 期。

朱炜、孙雨兴、汤倩：《实质性披露还是选择性披露：企业环境表现对环境信息披露质量的影响》，《会计研究》2019 年第 3 期。

Acemoglu D. , Aghion P. , Hemous B. D. , "The Environment and Directed Technical Change", *Social Electronic Publishing*, Vol. 102, No. 1, 2012.

Acharya R. H. , Sadath A. C. , "Implications of Energy Subsidy Reform in India", *Energy Policy*, No. 102, 2017.

Albrizio, S. , T. Kozluk, and V. Zipperer, "Environmental Policies and Productivity Growth: Evidence Across Industries and Firms", *Journal of Environmental Economics and Management*, Vol. 81, No. 3, 2017.

Allen D., Berg C., Markeytowler B., "Blockchain and the Evolution of Institutional Technologies: Implications for Innovation Policy", *Research Policy*, Vol. 49, No. 1, 2020.

Allen, F., J. Qian, and M. Qian, "Law, Finance, and Economic Growth in China", *Journal of Financial Economics*, Vol. 77, No. 1, 2005.

Annum, R., Prysor, W. A., "Reducing Household Greenhouse Gas Emissions From Space and Water Heating Through Low − Carbon Technology: Identifying Cost − Effective Approaches", *Energy & Buildings*, Vol. 248, No. 1, 2021.

Bai, C., Du. K., Yu, Y., et al., "Understanding the Trend of Total Factor Carbon Productivity in the World: Insights from Convergence Analysis", *Energy Economics*, Vol. 81, No. C, 2019.

Barman, T. R., Gupta, M. R., "Public Expenditure, Environment, and Economic Growth", *Journal of Public Economic Theory*, Vol. 12, No. 6, 2010.

Beck T., Levine R., Levkov A., "Big Bad Banks? The Winners and Losers from Bank Deregulation in the United States", *The Journal of Finance*, Vol. 65, No. 5, 2010.

Benlemlih M., Shaukat A., Qiu Y., et al., "Environmental and Social Disclosures and Firm Risk", *Journal of Business Ethics*, Vol. 152, No. 3, 2018.

Betsill, M., and M. J. Hoffmann, "The Contours of 'Cap and Trade': The Evolution of Emissions Trading Systems for Greenhouse Gases", *Review of Policy Research*, Vol. 28, No. 1, 2011.

Brown A., "How The Waste Land Furthers an Understanding of Sustainable Property Management", *Property Management*, Vol. 38, No. 1, 2020.

Brunnermeier S. B., Cohen M. A., "Determinants of Environmental Innovation in US Manufacturing Industries", *Journal of Environmental Economics and*

Management, Vol. 45, No. 2, 2003.

Cai, X., Y. Lu, M. Wu, and L. Yu., "Does Environmental Regulation Drive A-way Inbound Foreign Direct Investment? Evidence From A Quasi-Natural Experiment in China", *Journal of Development Economics*, Vol. 123, No. 1, 2016.

Calel, R., and A. Dechezlepr être, "Environmental Policy and Directed Technological Change: Evidence from the European Carbon Market", *Review of Economics and Statistics*, Vol. 98, Vol. 1, 2016.

Clancy M. S., Moschini G., "Mandates and the Incentive for Environmental Innovation", *American Journal of Agricultural Economics*, Vol. 100, No. 1, 2018.

Coelli T. J., "Total Factor Productivity Growth in Australian Coal-fire Electricity Generation: A Malmquist Index Approach", Sydney: Paper Presented at the International Conference on Public Sector Efficiency, 1997.

David, H., and Y. David, "International Trading of Emissions Rights: Pricing under Accountability and Uncertainty", *The International Trade Journal*, Vol. 24, No. 4, 2010.

Davison S. M. C., White M. P., Pahl S., et al., "Public Concern about and Desire for Research into the Human Health Effects of Marine Plastic Pollution: Results from a 15-Country Survey Across Europe and Australia", *Global Environmental Change*, No. 69, 2021.

Dechezlepretre A., Kozluk T., Kruse T., et al., "Do Environmental and Economic Performance Go Together? A Review of Micro-level Empirical Evidence from the Past Decade or So", *International Review of Environmental and Resource Economics*, Vol. 13, No. 1/2, 2019.

Deltas G., Harrington D. R., Khanna M., "The Impact of Management Systems on Technical Change: the Adoption of Pollution Prevention Techniques", *Economic Change and Restructuring*, Vol. 54, No. 1, 2021.

Ding, S., Zhang, M., Song, Y., et al., "Exploring China's Carbon Emissions

参考文献

Peak for Different Carbon Tax Scenarios", *Energy Policy*, Vol. 129, No. 6, 2019.

Duan, F., Wang, Y., Ying, W., et al., "Estimation of Marginal Abatement Costs of CO_2 in Chinese Provinces Under 2020 Carbon Emission Rights Allocation: 2005 - 2020", *Environmental Science and Pollution Research*, Vol. 25, No. 2, 2018.

Fare R., Yoon B. J., "Returns to scale in U.S. surface mining of coal", *Resources & Energy*, Vol. 7, No. 4, 1985.

Gibson M., "Regulation-Induced Pollution Substitution", *The Review of Economics and Statistics*, Vol. 101, No. 5, 2019.

Goeree, J. K., P. Karen, C. A. Holt, S. William, and B. Dallas, "An Experimental Study of Auctions Versus Grandfathering to Assign Pollution Permits", *Journal of the European Economic Association*, Vol. 8, No. 2 - 3, 2010.

Grossman, G. M., Krueger, A. B., "Environmental Impacts of a North American Free Trade Agreement", NBER Working Paper Series, No. 3914, 1991.

Gupta, S., "Decoupling: A Step Toward Sustainable Development with Reference to OECD Countries", *International Journal of Sustainable Development & World Ecology*, No. 6, 2015.

Heckman J. J., Ichimura H., Todd P. E., "Matching as An Econometric Evaluation Estimator: Evidence from Evaluating A Job Training Programme", *Review of Economic Studies*, Vol. 64, No. 4, 1997.

Heckman J. J., Ichimura H., Todd P. E., "Matching as An Econometric Evaluation Estimator", *Review of Economic Studies*, Vol. 65, No. 2, 1998.

Hering, L., and S. Poncet., "Environmental Policy and Trade Performance: Evidence from China", *Journal of Environmental Economics and Management*, Vol. 68, No. 4, 2014.

Hipólito, Coutinho J., Mahlmann T., et al., "Legislation and Pollination: Rec ommendations for Policymakers and Scientists", *Perspectives in Ecology and Conservation*, Vol. 19, No. 1, 2021.

Hughes, L., Jong, M., Thorne, Z., et al., "（De）Coupling and（De）Carbonizing in the Economies and Energy Systems of the G20", *Environment, Development and Sustainability*, Vol. 23, No. 4, 2021.

Hung M., Shi J., Wang Y., "The Effect of Mandatory CSR Disclosure on Information Asymmetry：Evidence from A Quasi-natural Experiment in China", *Social Science Electronic Publishing*, Vol. 33, No. 5, 2013.

Ishan M., Sudeep T., Sudhan T., et al., "Blockchain for 5G-enabled IoT for Industrial Automation：A Systematic Review, Solutions, and Challenges", *Mechanical Systems and Signal Processing*, Vol. 135, No. 1, 2020.

Iván H., Solano E. L., Andrés M., "Control and Monitoring for Sustainable Manufacturing in the Industry 4.0：A Literature Review", *IFAC Proceedings*, Vol. 52, No. 10, 2019.

Kalyar M. N., Shoukat A., Shafique I., "Enhancing firms Environmental Performance and Financial Performance through Green Supply Chain Management Practices and Institutional Pressures", *Sustainability Accounting, Management and Policy Journal*, Vol. 11, No. 2, 2019.

Kas A., La B., "Towards Comprehensive E-waste Legislation in the United States：Design Considerations Based on Quantitative and Qualitative Assessments - ScienceDirect", *Resources, Conservation and Recycling*, No. 149, 2019.

Knittel C. R., "Alternative Regulatory Methods and Firm Efficiency：Stochastic Frontier Evidence from the U. S. Electricity Industry", *Review of Economics & Statistics*, Vol. 84, No. 3, 2002.

Kosajan V., Chang M., Xiong X. Y., et al., "The Design and Application of a Government Environmental Information Disclosure Index in China", *Journal of Cleaner Production*, No. 202, 2018.

Kube, R., Graevenitz, K. V., Lschel, A., et al., "Do Voluntary Environmental Programs Reduce Emissions? EMAS in the German Manufacturing Sector", *Energy Economics*, Vol. 84, No. S1, 2019.

L. González, Perdiguero J., Sanz L., "Impact of Public Transport Strikes on Traffic and Pollution in the City of Barcelona", *Transportation Research Part D Transport and Environment*, Vol. 98, No. 9, 2021.

Lambie, N. R., "Understanding the Effect of An Emissions Trading Scheme on Electricity Generator Investment and Retirement Behaviour: the Proposed Carbon Pollution Reduction Scheme", *Australian Journal of Agricultural & Resource Economics*, Vol. 54, No. 2, 2010.

Li Z., Barenji A. V., Huang G. Q., "Toward a Blockchain Cloud Manufacturing System as A Peer to Peer Distributed Network Platform", *Robotics & Computer Integrated Manufacturing*, Vol. 54, No. 12, 2018.

Li, W., Wang, W., Wang, Y., et al., "Historical Growth in Total Factor Carbon Productivity of the Chinese Industry — A Comprehensive Analysis", *Journal of Cleaner Production*, Vol. 170, No. 1, 2018.

Linder, A., "Explaining Shipping Company Participation in Voluntary Vessel Emission Reduction Programs", *Transportation Research Part D Transport and Environment*, Vol. 61, No. PT. B, 2017.

Lu J., Li H., "The Impact of Government Environmental Information Disclosure on Enterprise Location Choices: Heterogeneity and Threshold Effect Test", *Journal of Cleaner Production*, No. 277, 2020.

M Pflüger., "City Size, Pollution and Emission Policies", *Journal of Urban Economics*, No. 2, 2021.

Majchrzak I., Nadolna B., "Assessment of the Scope of Environmental Information Disclosure in External Reporting of Polish Stock Exchange Listed Companies in the Energy Sector", *European Research Studies Journal*, Vol. 23, No. 4, 2020.

Masini A., Menichetti E., "The Impact of Behavioural Factors in the Renewable Energy Investment Decision Making Process: Conceptual Framework and Empirical Findings", *Energy Policy*, Vol. 40, No. 1, 2012.

Mckitrick R., "Global Energy Subsidies: An Analytical Taxonomy", *Energy Policy*, No. 101, 2017.

Mekuria D. M., Kassegne A. B., Asfaw S. L., "Assessing Pollution Profiles Along Little Akaki River Receiving Municipal and Industrial Wastewaters, Central Ethiopia: Implications for Environmental and Public Health Safety", *Heliyon*, Vol. 7, No. 7, 2021.

Morton C., Mattioli G., Anable J., "Public Acceptability Towards Low Emission Zones: the Role of Attitudes, Norms, Emotions, and Trust", *Transportation Research Part A: Policy and Practice*, No. 150, 2021.

Mundaca G., "Energy Subsidies, Public Investment and Endogenous Growth", *Energy Policy*, No. 110, 2017.

Nachtigall, D., Ellis, J., Peterson, S., et al., "The Economic and Environmental Benefits From International Co–Ordination on Carbon Pricing: Insights From Economic Modelling Studies", *OECD Environment Working Papers*, 2021.

OECD, "Sustainable Development: Indicators to Measure Decoupling of Environmental Pressure From Economic Growth", Paris: OECD, 2002.

Oliver, G. G., Islam, C. J., Nazmiye, B. O., et al., "Optimising Renewable Energy Integration in New Housing Developments with Low Carbon Technologies", *Renewable Energy*, Vol. 169, No. 5, 2021.

Omar A., Mustafa A., Clutterbuck, Yogesh D., "The State of Play of Blockchain Technology in the Financial Services Sector: A Systematic Literature Review", *International Journal of Information Management*, Vol. 54, No. 10, 2020.

Razzaq, A., Wang, Y., Chupradit, S., et al., "Asymmetric Inter–Linkages between Green Technology Innovation and Consumption – Based Carbon E-missions in BRICS Countries Using Quantile – On – Quantile Framework", *Technology in Society*, Vol. 66, No. 10, 2021.

Rosenbaum P. R. , Rubin D. B. , "The Central Role of the Propensity Score in Observational Studies for Causal Effects", *Biometrika*, Vol. 70, No. 1, 1983.

Schleich, J. , K. Rogge, and R. Betz. , "Incentives for Energy Efficiency in the EU Emissions Trading Scheme", *Energy Efficiency*, Vol. 2, No. 1, 2009.

Schot, J. , Geels, F. W. , "Niches in Evolutionary Theories of Technical Change", *Journal of Evolutionary Economics*, Vol. 17, No. 5, 2007.

Sheng, P. , Li, J. , Zhai, M. , et al. , "Economic Growth Efficiency and Carbon Reduction Efficiency in China: Coupling or Decoupling", *Energy Reports*, Vol. 7, No. 7, 2021.

Sikorski J. J. , Haughton J. , Kraft M. , "Blockchain Technology in the Chemical Industry: Machine–to–machine Electricity Market", *Applied Energy*, Vol. 195, No. 3, 2017.

Simar L. , Wilson P. , "Sensitivity Analysis of Efficiency Scores: How to Boot-strap in Nonparametric Frontier Models", *Management Science*, Vol. 44, No. 1, 1998.

Simon, M. , Christina, P. , Ruben, B. , et al. , "Impact of Residential Low – Carbon Technologies on Low – Voltage Grid Reinforcements", *Applied Energy*, Vol. 297, No. 5, 2021.

Singhania M. , Saini N. , "Demystifying Pollution Haven Hypothesis: Role of FDI", *Journal of Business Research*, No. 123, 2021.

Stein, LeslieA. , "The Legal and Economic Bases for an Emissions Trading Scheme", *Monash University Law Review*, Vol. 36, No. 1, 2010.

Sube S. , Ankit B. , Biswajit M. , "Digital Twin Driven Inclusive Manufacturing Using Emerging Technologies", *IFAC Papers Online*, Vol. 52, No. 1, 2019.

Tapio, P. , "Towards a Theory of Decoupling: Degrees of Decoupling in the EU and the Case of Road Traffic in Finland Between 1970 and 2001", *Transport Policy*, Vol. 12, No. 6, 2005.

Tevapitak K., (Bert) Helmsing A. H. J., "The Interaction Between Local Governments and Stakeholders in Environmental Management: the Case of Water Pollution by SMEs in Thailand", *Journal of Environmental Management*, No. 247, 2019.

Tsoutsoura M., "The Effect of Succession Taxes on Family Firm Investment: Evidence from A Natural Experiment", *Journal of Finance*, Vol. 70, No. 2, 2015.

Unruh, G. C., "Escaping Carbon Lock – In", *Energy Policy*, Vol. 30, No. 4, 2002.

Unruh, G. C., "Understanding Carbon Lock – In", *Energy Policy*, Vol. 28, No. 12, 2000.

Vaseyee Charmahali M., Valiyan H., Abdoli M., "Developing a Framework for Carbon Accounting Disclosure Strategies: A Strategic Reference Points (SRP) Matrix – Based Analysis", *International Journal of Ethics and Systems*, Vol. 37, No. 2, 2021.

Vural G., "Analyzing the Impacts of Economic Growth, Pollution, Technological Innovation and Trade on Renewable Energy Production in Selected Latin American Countries", *Renewable Energy*, No. 171, 2021.

Wang Q., Su, M., "Drivers of Decoupling Economic Growth from Carbon Emission — An Empirical Analysis of 192 Countries Using Decoupling Model and Decomposition Method", *Environmental Impact Assessment Review*, Vol. 81, No. C, 2020.

Wang, H., Lu, X., Deng, Y., et al., "China's CO_2 Peak Before 2030 Implied from Characteristics and Growth of Cities", *Nature Sustainability*, Vol. 2, No. 8, 2019.

Wang, R., "Ecological Network Analysis of China's Energy – Related Input from the Supply Side", *Journal of Cleaner Production*, Vol. 272, No. 1, 2020.

Willis K. A., Hardesty B. D., Wilcox C., "State and Local Pressures Drive Plastic Pollution Compliance Strategies", *Journal of Environmental Management*, No. 287, 2021.

Yohan H., Byungjun P., Jongpil J., "A Novel Architecture of Air Pollution Measurement Platform Using 5G and Blockchain for Industrial IoT Applications", *Procedia Computer Science*, Vol. 155, No. 8, 2019.

Yu Y. T., Huang J. H., Luo N. S., "Can More Environmental Information Disclosure Lead to Higher Eco-Efficiency? Evidence from China", *Sustainability*, Vol. 10, No. 2, 2018.

Yusoff N. Y. B. M., Bekhet H. A., "The Effect of Energy Subsidy Removal on Energy Demand and Potential Energy Savings in Malaysia", *Procedia Economics & Finance*, No. 35, 2016.

Zhang, S., Wu, Z., Wang, Y., et al., "Fostering Green Development with Green Finance: An Empirical Study on the Environmental Effect of Green Credit Policy in China", *Journal of Environmental Management*, Vol. 296, No. 5, 2021.

Zhou., Gu., Deng, "Voluntary Emission Reduction Market in China: Development, Management Status and Future Supply", *Chinese Journal of Population Resources and Environment*, Vol. 17, No. 1, 2019.

后　　记

　　本书是在我的博士后出站报告基础上，结合近期的研究成果补充修改而成的，同时，本书系国家自然科学基金青年项目"城镇化进程中'碳锁定'的形成机理、风险测度与解锁策略研究"（项目批准号：71403041）、中国博士后科学基金特别资助项目"'煤改气、电'、绿色发展与能源安全：一个准自然实验"（项目批准号：2018T110177）与中国博士后科学基金面上一等资助项目"能源供给侧改革对绿色发展的驱动机制与风险管控研究"（项目批准号：2018M630247）的阶段性成果。

　　高质量推进"双碳"行动的环保政策制定、实施、效果评估与路径优化是学术界与各级地方政府亟待解决的重大现实问题。2017 年 10 月，适逢党的十九大胜利召开之际，我有幸进入中国社会科学院工业经济研究所博士后流动站，在合作导师史丹研究员的指导下，针对能源转型、环保政策与绿色发展的重要研究领域进行博士后研究。博士后期间，史丹研究员为我提供了宽松的科研环境、参加各类相关会议和研究课题的机会，并对科研工作给予了大力支持，本书选题的确定与完成也离不开史丹研究员的悉心指导，在此，对合作导师史丹研究员表示衷心感谢！当然，由于我本人知识水平有限，仍然有很多问题剖析得不够透彻，书中难免也会存在一些不足之处，甚至是有一些差错，责任由我本人承担，也恳请学界同仁不吝赐教。

后　记

　　在本书完成之际，我还要感谢东北财经大学肖兴志教授长期以来对我成长的指导和关心，感谢东北财经大学辽宁（大连）自贸区研究院、杂志社、产业组织与企业组织研究中心、科研处等单位领导和同事在我工作中给予的科研平台支持与各类帮助！

　　本书的部分研究内容已经在《中国工业经济》《经济与管理研究》《资源科学》《中国环境科学》《环境科学研究》《东北财经大学学报》等期刊发表，所以在某种程度上来说，本书也是对我前段时间研究成果所做的总结。在此，也感谢各个杂志社对我的研究成果的认同和支持，使得能够在更大的范围内得以传播。还要感谢学界诸位同仁进行的前期研究，为本书的写作提供了大量的珍贵参考文献和资料，本书的出版还要感谢中国社会科学出版社提供的细致高效的支持，正是他们不辞辛苦和夜以继日的工作，才使得本书能够尽快高质量出版并呈现在读者面前。

李少林

2022 年 8 月于东财问源阁